아이 마음에
상처 주지 않는 습관

아이 마음에
상처 주지 않는 습관

내 아이를 위한
따뜻한 심리학 공부

✳

그로잉맘 이다랑 지음

아이를 사랑하지만
완벽히 이해해주기 어려운 부모님께

처음 현장에서 부모님과 아이들을 만난 후 어느덧 15년의 시간이 흘렀습니다. 이제는 상담실에서뿐만 아니라 SNS와 부모 교육 강의, 여러 매체를 통해 더욱 다양한 육아 고민을 만나고 있지요. 부모님들은 저를 만나면 마음 깊이 쌓여 있는 고민과 받아들이기 어려운 감정에 대해 꺼내 놓으십니다.

"선생님, 제가 낳은 아이인데 도무지 이해가 되지 않아요. 어떤 때는 아이가 너무 밉다는 마음이 들면서 나도 모르게 소리를 지르고 화를 내게 돼요."

전문가이기 전에 부모로서 저 또한 아이를 키우다 보면 '정말 내 뜻대로 되지 않는다'는 걸 뼈저리게 느끼곤 합니다. 잠도 제대로 잘 수 없고 체력적으로 허덕이는 신생아 시기에는 '좀 더 자라면 나아지겠지'라는 희망을 가져봅니다. 하지만 육아는 아이가 자랄수록 끊임없이 새로운 고민을 불러옵니다. 왜 이렇게 고집을 부릴까, 왜 안 하던 행동을 할까, 문제가 있는 것은 아닐까, 왜 훈육을 해도 좋아지지 않을까 등 고민이 끝도 없지요.

　이때 뾰족한 해결책을 찾지 못한 부모님들은 스트레스가 누적되어 아이에게 지나치게 화를 내고, 스스로를 미워하는 과정을 반복하게 됩니다. 분명히 아이를 사랑하지만 아이의 행동을 도무지 이해할 수도 수용할 수도 없는 날들이 많아지게 되는 것이지요.

　아들을 키워온 11년간, 저 역시도 그런 시간이 있었습니다. 특히 아이가 본격적으로 "내 거야." "내가 할 거야!" 하며 주도적인 행동을 보이기 시작한 무렵이 참 힘들었지요. 그때쯤 어느 날, 친정에서 책장을 훑다가 제가 대학 때 공부했던 전공서들을 발견했어요. 반가운 마음에 꺼내어 읽다가 '아차! 왜 그동안 심리학을 잊고 있었지?'라는 생각이 들었어요. 그래서 여러 겹 밑줄이 그어져 있고 표지도 너덜너덜한 심리학 책 몇 권을 집으로 가져와 틈틈이 다시 들여다보기 시작했어요.

　분명 닳고 닳도록 뒤적이던 책인데 부모가 되어 다시 펼쳐보니 완전히 새롭게 다가왔어요. 이전에는 막연하던 이론들이 이제는 내 아이가 보여준 모습들과 겹치며 눈앞에 생생히 펼쳐졌거든요. 걱정스러웠던 아이의 행동에 어떤 이유가 있는지 설명되어 있었고, 심지어 '내 잘못 아닐까?' 자책하고 있던 부분도 그게 왜 부모 탓이 아닌지 친절히 말해주고 있었어요.

그렇게 심리학은 아이 마음과 나의 마음을 이해하게 해주었고, 그러자 제 감정과 행동에도 변화가 생겼습니다. 이 좋은 내용을 꼭 다른 부모에게도 알려주고 싶다는 마음으로 블로그에 글을 연재했고, 하나둘 글들이 모여 이 책의 시작이 되었지요.

이 책은 0~7세까지 아이의 심리발달을 다뤘어요. 아이의 마음과 생각이 자라는 과정과 그로 인해 나타나는 '문제처럼 보이는 행동'에 대해 친절하게 알려드릴게요. 아이를 바라보는 시선을 바꾸면, 아이를 이전과는 다른 방식으로 이해하고 감싸줄 수 있게 될 거예요. 아이가 이해되니 불안과 분노도 줄어들 거고요.

나아가 부모의 마음도 함께 다뤘습니다. 내 안에 있는 관계모델이 아이를 바라보는 시각에 주는 영향, 아이를 자꾸만 통제하게 되는 이유, 아이의 마음을 공감해주기 어려운 이유를 알게 되면 아이뿐만 아니라 부모인 나 자신을 온전히 이해하는 시간을 갖게 될 거예요.

이 책이 나오고 수많은 부모 독자분들을 만났어요. 아이를 위해 시작했던 심리학 공부가 나를 사랑하는 계기가 되었고, 그 덕분에 육아가 훨씬 더 가벼워졌다는 이야기를 많이 해주셨어요. 이번 개정판에는 부모님이 죄책감을 덜어내고 부모로 살아가는 시간을 보다 긍정적으로 바라보게 도와줄 내용을 좀 더 담아보았습니다. 이 책을 통해 아이와 나 자신에게 상처 주지 않는 습관을 만들어가셨으면 좋겠어요. 아이를 위해서가 아닌, 아이와 함께 성장해나갈 부모님들의 삶을 응원합니다.

-그로잉맘 이다랑

✳
차
례
✳

PART 1

01

아이의 마음을
이해하는 연습

"우리 아이는 왜 그러는 걸까요?"

이 말은 제가 부모님들에게 가장 많이 듣는 질문 중 하나예요. 아이가 왜 그런 생각을 하는지, 왜 그런 행동을 했는지, 어떤 이유로 그런 말을 하는지 이유를 알지 못해 답답한 부모들의 마음이 담긴 질문이지요.

이전에 창업을 축하한다며 지인이 제게 커다란 화분을 선물해 준 적이 있어요. 식물에 대해 관심도 없었고 키우는 방법도 잘 몰랐지만, 잘 돌봐야겠다는 생각에 매일 물을 주며 노력했어요. 그런데 싱싱했던 화분의 잎들이 시들거리며 떨어져나가기 시작하더라고요. 알고 보니 그 식물은 물을 자주 주면 안 되는 수종이었어요. 그런데 제가 과하게 물을 주는 바람에 썩고 시들어버리고 만 것이었지요. 선물 받은 화분을 잘 키우고 싶었다면 저는 먼저, 이 식물이 어떻게 해야 잘 자라는지 알아봐야 했어요. 하지만 제대로 아는 게 없기에 시간과 정성을 다했지만 잘 키울 수 없었던 거죠.

육아는 아이를 기르는 일이에요. 누군가를 잘 자라게 하기 위해서는 가장 먼저 그 대상이 어떤 특징을 가지고 있는지, 어떻게 해야 잘 자랄 수 있는지 그 방법을 정확하게 알아야만 하죠. 그 힌트는 바로 심리학에서 찾을 수 있어요.

심리학은 인간의 행동과 마음을 과학적으로 연구하는 학문이에요. 그래서 부모가 육아할 때 아이의 행동에 대해 품게 되는 많은 고민은 사실, 심리학과 맞닿아 있어요. 예를 들어 아이가 자라 6~8개월이 되면 일명 '엄마 껌딱지'가 됩니다. 엄마(또는 다른 주양육자)가 잠시라도 안 보이면 아이는 심하게 울지요. 양육자는 아이 때문에 외출은커녕 화장실조차 편하게 갈 수 없어 매우 힘이 듭니다. 심리학에서는 이 시기를 아이가 양육자와 애착을 형성하며 자신의 주양육자를 정확하게 인지하는 시기라고 설명하고 있어요. 그래서 엄마가 보이지 않으면 불안해하고, 낯선 사람을 거부하게 돼요. 부모 입장에서는 힘들지만, 사실 아이는 잘 자라고 있는 것이지요.

이처럼 심리학을 알면 시기마다 나타나는 아이의 행동에 대해 막연하게 고민하거나 불안해하지 않고 해결 방법을 찾을 수 있어요. 심리학을 알아두면 육아가 가벼워지는 이유, 좀 더 살펴볼까요?

02

진짜 정보와 가짜 정보를
구분할 수 있어요

포털사이트에서 '훈육'을 검색했다가 놀란 적이 있어요. 0.25초 만에 180개의 훈육 정보가 검색됐거든요. 게다가 육아 분야의 출판 시장이 아무리 작다고 해도 매주 새로운 관련 신간들이 나오고 있어요. 또한 일부러 찾아보지 않는다고 해도 부모들이 생활하는 모든 곳에 너무 많은 육아 정보들이 늘 산재해 있기도 해요.

하지만 이렇게 정보가 많아도 아이를 기르는 일은 여전히 힘들어요. 정보가 많아서 선택의 범위가 다양해진 것처럼 보이지만, 반대로 말하면 가장 중요한 것을 걸러내기 어려워졌다는 걸 의미하기도 하니까요.

게다가 우리가 접하는 다양한 육아 정보 안에는 정확하지 않거나 잘못된 정보도 많이 있어요. 부모에게 마케팅을 해야 하는 다양한 회사들이 자극적인 정보로 눈길을 끌거나 충분히 검증되지 않은 이야기를 그럴듯하게 포장하는 경우도 많기 때문이죠. 때로는 한 개인의 경험이 특별한 육아법인 것처럼 과열되는 경우도 있고요.

저는 가끔 음식을 하기 위해 인터넷 검색을 하는데, 너무 많은 레시피가 나와서 결정이 어려울 때가 있어요. 가장 기본적인 레시피를 찾고 싶은데, 너무 많이 검색되다 보니 어떤 레시피를 선택해야 제가 기대하는 맛이 나올지 알기가 쉽지 않아요. 물론 새로운 맛이 가미되는 것도 좋지요. 하지만 기본적인 레시피로 만든 음식의 맛을 먼저 알아야, 때에 따라 입맛에 따라 융통성을 발휘할 수 있게 될 테니까요.

육아도 마찬가지예요. 수많은 정보 가운데에서 잘못된 것을 구분하고, 나와 아이에게 맞는 것을 찾고, 상황에 따라 다양한 방법을 융통성 있게 적용하려면 가장 기본적인 것부터 먼저 배워야 해요. 아이는 어떤 순서로 어떻게 발달하는지, 그 과정에서 자연스럽게 나타나는 행동이 무엇인지 등 심리학 지식을 알면 무수한 정보 속에서도 허우적거리지 않고, 가장 중요한 것에 우선순위를 둘 수 있게 됩니다.

03

육아하며 느끼는 불안을
줄일 수 있어요

아이를 키우는 부모라면 누구나 조금씩이라도 느끼는 감정이 있어요. 바로 '불안'이에요. 불안은 무언가 좋지 않은 일이나 위험이 닥칠 것처럼 느껴지는 정서 상태로, 그 원인이 명확하지 않고 막연하며 눈에는 보이지 않는 무의식적인 위험인 경우가 많아요. 즉 당장 아이가 잘못되어서라기보다는 '잘못될까 봐' 그리고 '계속 이럴까 봐'라는 막연함을 느낄 때, 부모는 불안한 감정에 시달리게 되지요.

막 태어난 신생아를 키우는 부모들은 작고 연약한 존재를 책임져야 한다는 부담감에서 불안감을 느끼고, 아이가 좀 더 자라면 예상치 못한 행동이나 감정 변화를 보일 때 불안을 느껴요. 그러면 점차 '내가 부모로서 부족한 건 아닌가' '내가 무언가 잘못하고 있는 건 아닌가'라는 죄책감이나 무기력과 같은 또 다른 감정으로 이어지게 되지요. 때로는 이 불안감이 과해져서 아이를 심하게 다그치거나 필요 이상의 훈육을 하게 만들기도 하고요.

하지만 부모가 느끼는 불안의 대부분은 아이의 성장을 '예측' 할 수 있을 때, 또는 현재 상황에 대한 과도한 생각을 바꾸는 것으로 어느 정도 해결될 수 있어요. 즉, 심리학으로 아이를 이해하는 연습을 하면 불안을 다스리는 데 도움이 됩니다.

흔히 '둘째는 마음에 여유가 생겨서 모든 행동이 예쁘게 보인다'라는 말을 합니다. 첫째를 키울 때는 부모가 처음이라 아무것도 예측할 수 없고, 아이의 행동이 정상적인 과정인지 판단이 잘 되지 않아요. 그래서 자꾸만 검색하고 책을 보고 주변 사람들에게 물어보곤 하지요. 하지만 아이를 한 명이라도 키워본 부모는 아이가 성장 과정에서 보이는 자연스러운 흐름을 잘 알고 있습니다. 그래서 아이의 행동에 대한 민감함이 줄어들게 되지요. 나에게는 그토록 엄격했던 부모님이 손주에게는 너그럽게 대하는 것도 비슷한 경우랍니다.

가끔 상담을 하다 보면 부모님들이 저에게 "선생님, 아이가 갑자기 안 하던 행동을 해요. 제가 뭘 잘못한 걸까요?" 하고 질문합니다. 그런데 아이가 발달을 하는 과정 중에 있기에 '이전에 하지 않았던 행동'을 하는 것은 오히려 너무 당연하고 정상적인 경우일 수 있습니다. 아이의 걸음마를 생각해보세요. 처음부터 걷는 아이는 없어요. 누워만 있다가 어느 날 갑자기 기고, 딛고 서며, 걷게 되지요.

아이의 인지나 감정발달도 이와 비슷합니다. 무엇이든 스스로 하고 싶어지는 마음, 잘난 척하고 싶은 마음, 질투하는 마음 등은 자연스러운 발달 과정에서 나타납니다. 또한 아직 발달의 완성이 아니기에 다른 사람의 마음에 공감하지 못하거나, 양보하고 참는 행동이 부족하게 보일 수도 있지요. 아이가 보이는 모습에 대해 부모 스스로 '내가 뭘 잘못한 걸까?' '아이가 왜 갑자기 공격적으로 변했지?' '계속 가르치는데 왜 바뀌지 않을까?' 하고 생각하면 과도한 불안과 죄책감을 느끼게 됩니다. 반대로 아이가 성장하는 과정을 제대로 알고 있다면 이러한 감정을 덜 느끼게 되지요.

심리학은 아이의 인지, 감정, 신체 등이 어떻게 발달해가는지 알려줍니다. 그래서 부모가 자신감을 가지고 건강하게 육아하도록 돕는 좋은 도구가 되어준답니다.

04
—
심리학을 통해
건강한 육아관을 가져요

35개월 도훈이 어머니의 고민은 아이가 엄마 머리카락을 잡아야만 잠이 든다는 거였어요. 아기였을 때는 '크면 괜찮아지겠지'라고 생각했는데 나아질 기미는 없고, 아이가 잡아당기는 힘이 세지면서 너무 아프고 화가 나기 시작했어요. 그래서 도훈이 엄마는 아이가 왜 그러는지, 어떻게 해야 하는지 인터넷 검색도 해보고 여기저기 물어보기 시작했어요.

그런데 너무 많은 사람들이 아이의 이러한 행동에 대해 너무나 다양한 이야기를 하고 있었어요. 어떤 전문가는 '아이에게 애착이 더 필요한 것이다'라고 이야기하고, 다른 전문가는 '성장하면서 보일 수 있는 과정 중 하나'라고 이야기를 했어요. 또 다른 전문가는

'아이가 엄마의 머리카락을 잡고 잘 때마다 엄마가 보여주는 반응이 재미있어서 반복하다 습관이 된 것'이라고 말하기도 했지요. 도훈이 엄마는 어떻게 해야 할지 점점 더 혼란스럽기만 했어요.

혹시 여러분도 비슷한 경험이 있으신가요? 모두 전문가인데 왜 아이의 행동에 대한 답변이 이렇게 다양한 것일까요.

심리학에는 다양한 관점이 있어요. 심리학은 인간의 행동과 심리를 연구하는 학문이에요. 다른 모든 학문이 그렇듯 심리학도 하나의 학파, 하나의 이론만 있는 게 아니라 여러 관점이 존재하고, 또 같은 관점을 가진 사람들이 모여 자신들의 학파를 만들어왔지요. 그래서 여러 관점에 따라 각기 다른 해석이 나타날 수 있어요.

이를테면 어떤 전문가는 아이의 행동을 주로 심리적인 결핍으로 바라보고, 다른 전문가는 아이의 행동은 환경과 연결되며 학습될 수 있다고 바라볼 수 있어요. 또 다른 전문가는 아이가 자라나며 자연스럽게 해결되는 문제이므로 충분한 기다림과 자율성을 중요하게 고려하기도 합니다. 세 관점 모두 옳고 그름은 없어요. 그보다는 부모가 자신의 육아관에 맞고 실행하기 좋은 것을 찾는 것이 중요하지요.

더 나아가 내가 지금 알고 있는 정보가 어떠한 관점에서 출발한 해석인지 구분할 수 있는 기초 지식을 가지고 있으면 좋아요. 서점에 있는 다양한 육아서 중에서, 인터넷에 있는 수많은 육아 정보들

속에서 각 육아법이 어떠한 차이를 가지고 있는지, 내가 실행해온 방법과 가장 뿌리가 비슷한 것은 무엇인지 구분해낼 수 있는 눈이 있다면 덜 혼란스러워져요. 아이에 대한 부모의 태도도 보다 일관적이게 되므로 육아법의 효과 또한 높아지지요.

전문가로서 우리 세대의 육아를 바라보면 이런 생각이 듭니다. 그 어느 때보다 유용한 정보와 육아용품이 차고 넘치는데도 불구하고 아이를 키우는 것이 점점 어려운 일이 되는 이유는, 부모가 스스로 구분하고 결정할 수 있는 힘이 약해지고 있기 때문이 아닐까 해요.

결국 전문가도 정답이 될 수 없어요. 내 아이에 대한 가장 많은 관찰데이터를 가지고 있는 전문가는 부모이기 때문이에요. 아이가 자라는 원리에 대해 부모가 스스로 공부해야 하는 이유입니다. 무수한 정보 속에서도 흔들리지 않을 만큼 뿌리가 단단한 육아관은 아이 마음을 이해하고, 나에게 맞는 육아법을 선택하여 건강하게 실행할 수 있게 하니까요. 우리 더 나은 육아, 불안이 적은 육아를 위해 함께 심리학을 공부해봐요!

PART 2

****

아이의
마음 발달이란?

****

01

발달을 알면
아이가 보여요

제가 만나는 많은 부모들이 "육아에는 답이 없다."고 말하곤 해요. 부모들이 육아에 답이 없다고 하는 이유는, 아이와 관련된 정보와 방법들이 현실에서는 적용되지 않기 때문이에요. 노력을 해도 실패 경험이 자꾸만 쌓이면 육아에는 답이 없다는 생각으로 이어지게 돼요.

사실 아이의 성향과 엄마나 아빠의 성향에 따라, 그리고 아이를 키우는 다양한 환경에 따라 육아는 다양한 상황으로 흐를 수 있어요. 그 상황에서 육아에 답이 없다고 생각하면 마음은 조금 편해지기도 하죠.

그런데 정말 육아에는 답이 없을까요? 어떤 면에서는 그럴 수도 있어요. 모든 부모와 아이에게 딱 맞는 하나의 정답은 없으니까요. 다만 '육아에는 답이 없으니까 아무렇게나 해도 돼!'라고 생각하는 건 위험해요. 세부적인 상황에서는 개개인의 차이가 존재하지만, 아이 발달의 전체 과정을 아우르는 기본적인 방향과 속도는 존재하거든요.

그러니 '육아에 답은 없어!'라는 말을 '기본도 필요 없어!'라는 의미로 해석되면 안 돼요. 아이를 키울 때 딱 맞는 틀에 넣을 수는 없지만 기본적으로 아이는 어떻게 발달하는지 알아야 해요. 그래야 아이의 성장을 기다릴지 혹은 적극적으로 아이를 지원해줄지 부모 스스로 결정을 내릴 수 있어요.

발달이란 무엇일까요?

아이를 이해하기 위해서는 '발달'이라는 개념부터 이해해야 해요. 발달은 부모들에게 꽤 익숙한 단어지만 정확한 의미를 아는 분들은 많지 않아요. 사실 전공자가 아니면 부모가 되기 전에는 발달이라는 단어를 사용할 일이 없으니까요. 하지만 우리가 아이를 키우는 동안 줄곧 듣게 되는 단어 중 하나가 바로 이 '발달'이에요.

발달이란 무엇일까요? 발달심리학에서는 그 의미를 이렇게 이야기하고 있어요.

> * 발달이란, 수정에서 죽을 때까지 전 생애를 통해 신체적 기능이나
>   심리적 기능에 있어 한 개인에게 일어나는 변화

발달이라는 단어는 심리학에서 매우 중요한 개념이라 전공 시험에 늘 등장했기에 저는 열심히 외우곤 했어요. 그 후 엄마가 되어 이 단어를 다시 보니 이 정의 안에 우리가 아이를 키우면서 기억해야 할 중요한 내용이 포함되어 있음을 깨달을 수 있었어요.

아이는 쉴 새 없이 자라고 계속 변할 거예요

부모들은 임신부터 출산 전까지의 기간과 아이가 태어난 뒤 돌까지의 발달에 많은 관심을 갖곤 합니다. 임신 중에는 태아가 건강하게 만들어지고 있는지, 태아의 건강에 문제가 없는지 걱정하고 아이가 태어난 뒤에는 목 가누기부터 걷기까지 세세한 발달 단계가 잘 이뤄지고 있는지 관찰하는 데 주의를 기울이지요.

하지만 아이가 말을 곧잘 하게 되고 걷고 뛰는 등 기본적인 행동을 할 수 있게 되면 아이의 발달에 더 이상 관심을 갖지 않는 부모

들이 늘어나요. 영유아 검진을 받으면서 때때로 아이의 키와 몸무게가 잘 늘고 있는지 정도만 확인하죠.

그런데 사실 아이는 계속 발달하는 중이에요. 눈에 확 띄지 않아도 감정이나 언어발달처럼 중요한 영역들이 부지런히 성장하고 있어요. 아직 미숙하기 때문에 아이는 부모가 이해할 수 없는 다양한 행동을 하기도 하죠.

예를 들면, 아이의 정서 역시 계속 발달하고 있답니다. 출생 후 처음 한두 해 동안 아이는 분노, 슬픔, 기쁨, 놀람, 공포 등과 같은 '기본 정서'만 느끼지만, 커가면서 당혹감, 수치심, 죄책감, 부러움, 자부심과 같은 '2차 정서'를 느끼게 됩니다. 이것은 우리 눈에는 보이지 않아도 아이 안에서 엄청난 변화가 이뤄지고 있다는 것이에요. 한편으로는 다양한 정서가 나타나기 시작했지만 아직은 정서를 조절하는 능력이 부족해서 부모가 볼 때 당혹스러운 행동도 불쑥 하곤 해요.

부모들을 상담하며 다양한 고민을 듣다 보면 '아이가 지금도 계속 발달하는 중이라는 것을 잊고 계시는 건 아닐까?'라는 생각을 자주 하게 돼요. 아이에게는 아직도 남은 발달 과정이 많고, 여전히 그 과정 중에 있기 때문에 미숙해요. 그러다 보니 부모가 이해할 수 없는 행동을 할 수도 있어요. 그런데 많은 부모님들이 아이가 다 완성되어야 하는 시기인데 그렇지 못한 건 아닌지 오해해서 걱정하고 초조해하는 것 같아요.

아이는 당연히 미숙하고, 지금 순간에도 계속 발달하고 있다는 것을 반드시 기억해야 해요. 발달의 정의에서 볼 수 있듯이 발달은 수정체가 만들어지는 순간부터 죽음에 이를 때까지의 전 생애 모든 과정에서 일어나는 거니까요. 걷기나 말하기처럼 특정 시기에 빠르게 발달하는 영역들도 있지만 대부분의 발달은 꾸준히 이루어지고 있는 연속적인 과정이라고 봐야 해요.

게다가 이 발달의 정의는 아이에게만 해당되는 게 아니에요. 부모인 우리도 지금 이 순간 계속 자라는 중이에요. 그러니 아이뿐만 아니라 부모라는 역할을 막 시작한 우리도 부족하고 미숙할 수 있는 거죠. 개인의 삶에서 부모 역할을 해야 하는 시기를 이제 막 시작했을 뿐이니, 당연히 부모로서는 성숙하지 않을 수 있고 원하는 만큼 완벽하지 않을 수도 있어요. 발달의 의미를 떠올려보면 부모인 나 자신과 아이의 미숙함을 덜 불안해하며 바라봐도 되지 않을까 하는 생각이 들어요.

아이는 정해진 순서로
자라요

발달심리학은 수정체가 생겨 자궁에 착상, 세상에 태어난 아이가 성인으로 성장해 노인이 되어 죽음에 이르는, 누구에게나 적용되는 전체 과정을 연구해요. 발달에는 기본 원칙들이 존재해요. 이를테면 아이는 태어나 처음에는 목을 가누고 뒤집은 뒤 기다가 걸음마를 하게 돼요. 목을 가누지 못하는데 먼저 걷기 시작하는 아이는 없어요. 바로 이 순서가 발달의 기본적인 원칙이에요.

발달의 원칙은 여러 가지가 있는데 우선 '두미발달의 원칙'에 따라 신체의 경우, 머리가 먼저 발달하고 점차 팔, 다리 등 아래쪽 신체가 발달해요. 또한 '근원발달의 원칙'에 의해 안쪽의 중심부부터 점차 바깥의 말초신경 쪽으로 발달이 되지요. 아이의 신체발달은 대근육 같이 큼직큼직한 것에서부터 점차 소근육이 발달하는 순서를 거치게 됩니다. 언어발달도 마찬가지예요. 아이는 의사소통 수단으로 가장 먼저 울음을 사용하다가 옹알이를 하는 '언어이전 시기'를 거쳐 점차 한 단어 시기, 두 단어 시기로 발달해갑니다. 이렇게 생각을 점점 정교하게 표현하게 돼요. 또한 눈에 보이는 신체적, 언어적 발달뿐 아니라 인지나 성격처럼 눈에 보이지 않는 영역도 이러한 발달의 원칙이 있습니다.

부모가 아이의 발달에 대해 잘 알고 있으면 유리해요

부모가 발달 과정을 잘 이해하고 있으면, 우리 아이가 어느 정도 발달하고 있는지 살펴볼 수도 있고 앞으로의 발달을 예측할 수도 있어요. 혹시 발달 과정에서 지금 나타나야 하는 행동이 오랜 시간 지연되고 있다면 적극 개입할 수도 있지요.

그런데 신체나 언어발달처럼 눈에 보이는 영역에 비해 눈에 잘 보이지 않는 영역은 어떠한 원칙으로 발달하는지 가늠하기 어려워요. 그래서 부모가 원칙을 제대로 알지 못하면 아이를 이해할 수 없기에 많이 불안할 수 있어요. 또한 아이에게 도움을 줘야 할 상황인데도 알아차리지 못하는 경우도 있죠. 그래서 부모님들이 곁으로 드러나는 영역뿐만 아니라 보이지 않는 발달 영역에도 관심을 가지고 기본 원리를 알아두면 유용해요.

기본 원리 1: 순서는 있지만 아이마다 속도는 달라요

발달의 기본 원리 중 하나는 발달에 순서는 있지만 아이마다 그 속도는 모두 다르다는 거예요. 하지만 아이마다 속도가 다르다는 사실을 알고 있으면서도 아이가 같은 월령의 또래들보다 발육이 더디다고 느껴지면 부모님들은 초조해하지요. 모든 아이들이 돌이 되면 일제히 말을 시작하고 걷기 시작하면 좋겠지만, 사실상 아이마다 시작 시기와 습득 속도가 다른 것을 볼 수 있어요. 그 이유는 아이들이 가지고 태어난 타고난 특성과 양육 환경이 모두 다르기 때문이에요.

이를테면 아이가 기질적으로 외부 환경을 탐색하는 것을 좋아하고 적극적인 성향이라면, 이 아이는 주변 환경에 빨리 관심을 보이고 그것을 탐색하기 위해 신체를 많이 활용할 수 있어요. 결과적으로 또래보다 신체발달이 빨라지기도 해요. 하지만 신체발달이 빠르다고 해서 아이가 더 똑똑하다고 볼 수는 없어요. 단지 아이마다 발달 속도가 다를 뿐인 거죠.

반면 신체발달이 또래보다 더디다고 해서, 그 아이의 모든 발달이 느리다고 볼 수도 없어요. 신체발달은 느려도, 세상을 배우고 사고하는 능력이나 정서나 감정은 또래보다 빨리 발달하고 있을 수도 있기 때문이에요.

　모든 아이들을 하나의 선 안에, 하나의 기준으로만 줄 세워 발달이 빠르다고 좋아하거나 발달이 느리다고 걱정하는 것은 불필요한 비교가 될 수 있어요. 물론 발달이 과히 늦어진다고 판단되면 빨리 전문가를 찾아가야지요. 또한 양육자인 부모의 불안이 너무 크다면 차라리 전문가와 상담해 아이의 발달을 객관적으로 체크해서 부모의 불안을 낮추고, 혹은 아이에게 지원이 필요하다면 적절히 개입하는 것이 현명한 방법이에요.

　하지만 대부분의 경우, 현재로서는 정확히 판단할 수 없는 발달 상황을 두고 부모가 지나치게 불안해하거나 비교하며 초조해하는 상황을 자주 보게 됩니다. 또 아이의 느린 발달만 신경쓰느라, 아이가 잘 자라고 있는 영역은 발견하지 못하기도 하고요. 그러니 아이의 발달에 있어 순서는 있지만 속도는 전부 다를 수 있다는 걸 기억하고, 우리 아이의 신체나 언어발달뿐만 아니라 보이지 않는 인지와 정서발달을 체크하기 위해 다양한 모습들을 관찰해야 한다는 걸 잊지 마세요.

기본 원리 2: 발달의 민감기라는 골든타임이 있어요

발달의 원리에서 꼭 기억해야 하는 것 중 하나는 바로 발달에도 민감기sensitive period가 있다는 사실이에요. 괜찮은 금액으로 좋은 상품을 샀을 때 '가성비'라는 단어를 많이 쓰지요? 육아에도 이 가성비를 높일 수 있는 시기가 있어요. 마치 골든타임과 같은 이 시기를 발달심리학에서는 '민감기'라고 이야기해요.

혹시 마트가 문 닫을 시간에 가보신 적 있나요? 신선식품의 경우 다음 날이 되면 신선도가 떨어지기 때문에 가격을 내리거나, 같은 가격에 더 많은 상품을 붙여주곤 해요. 그래서 시간을 잘 맞춰 가면, 같은 물건을 더 좋은 가격에 살 수 있어요. 하지만 보통 시간에 방문하면 어떨까요? 물건을 제값 주고 사야 하는 게 당연하죠. 때로는 꼭 필요한 물건인데 인기가 많아 가격이 올라가는 경우도 있고요.

발달의 민감기도 이와 같아요. 아이가 발달하는 과정에는 각 단계마다 같은 노력으로 더 좋은 아이템을 쉽게 얻을 수 있는 골든타임이 있어요. 이 시기가 지나면 그것을 채워주기 위해 더 많은 노력을 해야만 해요. 하지만 반대로 골든타임을 잘 인식하고 있으면 중요한 시기에 맞춰 적절히 채워줄 수 있어요. 이러한 골든타임은 아이의 성장 과정마다, 신체발달, 언어발달, 인지 및 정서발달 등 각각의 민감기가 다르게 존재하니 그 시기를 활용하면 좋겠죠.

예를 들면 애착 형성도 이 골든타임을 잘 이용할 수 있어요. 보통 생후 1년은 애착 형성에서 가장 중요한 시기라고 하지요. 그래서 아이가 태어난 후 1년 동안 주양육자인 부모는 아이와 안정적으로 애착을 형성하기 위해 노력하는 것이 좋아요. 잠을 자지 못해 하루종일 퀭해도, 제대로 밥을 먹을 수 없어도, 아이의 울음에 반응해주고 아이를 안아주는 등 아이의 필요를 채워주기 위해 노력하는 분들이 많지요. 이렇게 노력하는 이유는 이 시기에 아이가 안정적인 애착을 형성하지 못하면 이후 아이의 정서발달과 인간관계 형성 등 다양한 발달에 부정적인 영향을 미친다는 걸 알고 있기 때문이에요.

그런데 생후 1년까지가 애착 형성의 골든타임이라면, 그 이후에는 애착이 제대로 형성되기 어려운 걸까요? 사실은 그렇지 않아요. 생후 1년 동안 애착 형성이 부족했다고 해도 그것을 보완할 방법은 있어요. 아이와의 스킨십, 놀이를 통한 상호 작용, 많은 대화 그리고 신뢰가 두터운 양육 태도를 지속해 애착을 보완할 수도 있고, 때로는 놀이치료 등을 통해 보다 적극적으로 아이와의 관계를 개선할 수도 있어요. 나아가 성인이 된 후에도, 안정적이고 믿음직한 인간관계를 만들고 나면 그동안의 불안정했던 애착이 안정적으로 보완되기도 해요.

다만 나중에 애착을 쌓아나가려면 생후 1년 동안 부모와 애착을 쌓기 위해 투자해야 하는 시간과 노력에 비해 훨씬 더 많은 노력과 시간이 필요해요. 또한 애착은 그와 연결된 수많은 발달에 영향을 주기 때문에 만약 이 골든타임을 놓치게 되면 수습을 위해 정말 많은 에너지를 투입해야 해요. 이러한 발달의 골든타임, 민감기는 언어발달이나 뇌발달, 신체발달 등에도 적용돼요. 따라서 발달에 있어 가성비가 좋은 시기에 노력하는 것이 부모나 아이 모두에게 좋은 결과로 나타난다고 할 수 있지요.

그런데 이 민감기를 놓치지 않으려면 우선 아이가 어떤 과정으로 발달하는지, 또 이 시기에 더 신경 써야 할 부분은 무엇인지 알아야겠지요. 아이의 발달에 대해서 앞으로 천천히 알려드릴게요.

기본 원리 3: 타고나는 것과 자라는 환경 모두 중요해요

발달의 의미와 아이의 발달 과정에 대해 이야기하다 보면 부모의 역할이 정말 중요하게 느껴집니다. 아이가 세상에 태어나 처음 만나는 환경이 바로 부모니까요. 부모가 발달에 대해 잘 알고 있고 건강한 육아관을 가지고 있으며 아이와 유의미한 상호 작용을 해주는 등 모든 것들이 아이에게 가장 안정적이고 좋은 환경이 되어주지요.

하지만 아이 발달을 전적으로 환경의 영향으로만 볼 수는 없어요. 많은 발달심리학자들이 아이의 발달에 영향을 주는 요인으로 타고난 유전적인 영향이 큰지, 환경의 영향이 더 큰지에 대해 오랜 시간 다투어왔지만 가장 현실적인 답변은 유전적인 요인과 환경적인 요인 모두 아이의 발달에 중요한 영향을 미친다는 것이죠.

'키'를 예로 들어볼까요. 아마 대부분의 부모님들은 아이의 키가 크기를 바랄 거예요. 키가 잘 크려면 무엇이 필요할까요? 아무래도 환경의 영향을 빼놓을 수 없어요. 영양가 있는 식사, 운동과 충분한 수면 등이 아이의 키 성장에 영향을 준다는 걸 이미 알고 있어요.

그런데 환경만 갖추어지면 키가 크게 자랄까요? 사실 키의 경우는 유전적인 영향을 절대 무시할 수가 없어요. 부모가 키가 크다면 아이도 키가 클 확률이 높고, 반대의 경우라면 아이가 일정 수준 이상으로 크기를 기대하긴 어렵지요. 유전과 환경은 키 성장에 있어 둘 다 영향이 있으니까요. 키가 큰 부모 밑에서 태어난 아이도 키가 클 가능성은 높지만 환경이 전혀 뒷받침이 안 된다면 예측만큼 크지 못하고 멈춰버릴 수 있어요. 반대로 키가 작은 부모 밑에서 태어났다고 해도 환경적인 요인이 잘 채워진다면 유전적으로 예상되는 것보다 더 많이 성장할 수도 있고요.

아이의 성장에 있어 환경은 정말 중요하고, 아이에게 가장 중요한 환경은 부모임에 틀림없지만, 아이의 모든 것을 환경이, 그리고 부모가 바꿀 수 있다고 생각하는 건 발달을 정확히 이해하는 것이 아니에요. 특히 아이의 타고난 기질을 떠올려보세요. 아이의 건강한 성격 발달을 위해서는 부모의 양육 방식도 중요하지만, 기본적으로 아이마다 타고난 기질적 차이가 존재해요. 따라서 유전적으로 아이가 가지고 있는 성향도 고려해야 해요.

예를 들어 새로운 환경에 처하면 두려움과 불안부터 느끼는 아이들이 있어요. 아이가 씩씩하게 탐색하며 놀기를 원하는 부모들은 아이가 불안해하고 두려워할 때마다 걱정을 하지요. 그런데 부모로서 아이가 불안과 두려움을 스스로 극복하는 것을 배워가며 자신의 신중함을 수용하도록 곁에서 도울 수는 있지만, 불안과 두려움을 느끼는 기질을 노력만으로 없애기는 어려워요. 게다가 부모가 아이의 타고난 기질을 고려하지 않고 자신들이 원하는 성향으로 아이를 바꿀 수 있다고 생각해 무리하게 아이를 다그치게 되면 오히려 아이의 자존감이 다칠 수 있어요. 또한 그것이 아이와의 관계를 상하게 하기도 합니다. 부모의 생각처럼 바뀌지 않는 아이를 보며, 그것이 전부 자신의 능력 부족 탓인 듯 죄책감이나 초조함을 느끼기도 하거든요.

아이는 타고난 유전적인 요인 위에 환경적인 요인이 더해지며 성장한다는 것을 잊지 마세요. 앞으로는 아이가 어떻게 성장하는

지, 성장하며 어떤 변화를 만나고 왜 그런 변화가 발생하는지, 부
모로서 바람직한 반응은 어떤 것인지 등을 심리학에서는 어떻게
바라보았는지 살펴볼게요.

2강

****

아이 발달을 바라보는
세 가지 관점

****

01

문제 행동의 원인부터
알아야 해요

"아이가 손가락을 빨아요. 어떻게 해야 할까요?"

"아이가 아빠만 보면 울어요. 어떻게 해야 할까요?"

"아이가 자다가 갑자기 자지러지게 울어요. 어떻게 해야 할까요?"

부모들이 가장 많이 하는 질문이 바로 "어떻게 해야 할까요?"예요. 아이의 특정 행동에 어떻게 대처해야 하는지, 지금 내가 하고 있는 방법이 옳은 건지 가장 궁금해합니다.

그런데 부모가 어떤 행동을 취해야 하는지 알려면, 먼저 '아이가 왜 그렇게 행동하는지'부터 알아야만 해요. 아이 행동의 원인을 알아야 정확한 솔루션이 나올 수 있으니까요. 그런데 아이가 왜 그런 행동을 했는지 생각해보는 데 다양한 시각이 존재해요.

아이의 심리를 바라보는 다양한 관점이 있어요

앞서 아이의 행동을 바라보는 다양한 관점이 있다는 이야기를 짤막하게 했어요. 그림을 떠올려보세요. 최대한 사실처럼 그리는 학파와 추상적으로 표현하는 것을 지향하는 학파가 서로 다른 방식으로 사물을 느끼고 그려내듯이, 아이 행동을 해석하고 그 원인을 바라보는 발달심리학에도 다양한 학파가 존재해요. 그들은 자신들만의 이론과 발달 단계 등을 내세우며 아이의 행동에 대해 각자 다른 원인이 있다고 주장해왔지요. 부모들은 그 발달심리학 전부를 배울 수 없으니 가장 신뢰도 높고 많은 연구자들이 지지하는 세 가지 관점을 중심으로 이야기해보려고 해요.

예를 들어볼게요. 여기 어떤 아이가 어린이집에 가는 것을 갑자기 거부하고 있어요! 날마다 떼를 쓰고 울며 부모의 마음을 속상하게 하지요. 아이가 싫어한다고 해서 안 보낼 수도 없고, 가뜩이나 당장 출근을 해야 하는 부모라면 애가 타지요. 새로운 어린이집이나 유치원을 알아보기도 어려운 현실이니 무턱대고 그만두거나 마음대로 옮길 수도 없는 상황이에요. 하지만 아이의 울음을 그냥 넘기기엔 하루가 멀다 하고 흘러나오는 흉흉한 뉴스들이 생각나고 혹시나 싶은 마음에 불안해지기도 해요. 그래서 고민하던 부모는 각기 다른 관점을 취하는 세 명의 발달심리학 전문가들에게 아이의 행동에 대해 상담을 하기로 했어요. 각각의 연구자들은 아이가 갑자기 어린이집을 가지 않으려는 이유를 어떻게 설명할까요?

02

첫 번째 관점:
정신분석 이론

정신분석 이론 전문가들은 이렇게 접근할지도 몰라요.

"혹시 아이를 키우면서 엄마가 초기에 스트레스를 많이 받으셨나요?"

"돌 전에 주양육자가 자주 바뀌지 않았나요?"

"아이에게 해결하지 못한 욕구나 상처가 있는 건 아닌지 생각해 볼까요?"

정신분석 전문가들은 인간의 행동은 사람이 의식적으로 생각하는 이유에 의해서만 이루어지는 것이 아니라, 무의식이라는 스스로도 모르고 있는 영역의 영향을 받는다고 보고 있어요. 따라서 '아이에게 과거에 채워지지 못한 욕구나 상처가 있는 건 아닌지, 혹시 아이와 부모와의 관계가 안정적이지 못한지'를 중요하게 살피지요.

무의식은 평소에 쉽게 알아챌 수 없는 마음 깊은 곳의 영역이에요. 과거 어린 시절에 채우지 못한 욕구가 있거나 상처 받은 경험들이 기억에는 없지만 깊은 곳에 확실히 존재하고 있어서 현재의 행동에 영향을 주게 된다는 것이죠. 무의식은 마치 아래에 나오는 빙산 그림과 같아요. 수면 위에 드러나는 부분은 우리가 의식적으로 아는 부분이지만, 그 아래에는 우리가 기억은 못 하지만 분명히 존재하는 어마어마한 무의식의 영역이 있어요.

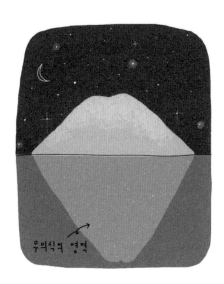

따라서 아이가 어린이집을 거부하며 가지 않으려고 한다면 아이 행동을 과거의 특정 사건과 연결해볼 수 있어요. 이를테면 부모와의 관계가 불안정해 안정에 대한 욕구가 채워지지 않아서 때때로 어린이집을 거부하는 건 아닌지 연결해보는 거죠.

오래전의 경험들이 현재의 행동으로 나타나요

정신분석 전문가들은 마음속에 우리가 잘 알지 못하는 영역이 있다고 믿고, 육아에 있어서도 아이와 부모와의 초기 경험을 중요하게 생각해요. 그리고 아이의 발달 단계 중에 해결되지 않은 욕구가 없어야 하고, 내면에 상처가 생기지 않게 해야 한다고 이야기해요. 실제로 이 이론은 어떠한 행동의 근본 원인을 파악하는 데 많은 도움이 되고 있지요.

하지만 이러한 관점으로만 아이 행동을 해석하게 되면 그 원인이 과거에 있는 것으로만 보이죠. 그렇기에 현재 시점에서 어떤 변화를 시도해야 할지 막막하게 느껴질 수도 있어요. 자신이 당장 할 수 있는 일이 없다고 생각되면 무기력과 죄책감만 남게 될 수도 있어요.

03

두 번째 관점:
행동주의 이론

행동주의 이론 전문가들은 어린이집을 거부하는 아이에 대해 이렇게 이야기할 가능성이 높아요.

"최근 어린이집에 갈 때 아이에게 특별한 사건이 있었나요?"
"아이가 어린이집을 거부하며 떼쓸 때 어떻게 반응하셨나요?"

왜냐하면 행동주의 전문가들은 아이의 행동 앞뒤에 어떤 자극이 있었는지 살피는 걸 매우 중요하게 생각하거든요. 이 그룹의 특징은 행동의 원인을 '현재'에서 찾으려 하고, 따라서 해결 방법도 현재의 시점에서 명료하게 제시해요.

이 이론과 관련된 실험으로는 파블로프의 개 실험이 가장 유명하지요. 음식을 주면 침을 흘리는 것이 평범한 개의 일반적인 반응이에요. 러시아의 유명한 생리학자인 파블로프는 개에게 음식을 주며 항상 종소리를 들려주었어요. 그것이 계속 반복되다 보면 나중에는 종소리만 들려주자, 실제로 음식이 없어도 종소리에 반응해 음식을 떠올리고 침을 흘리기 시작했어요. 종소리가 음식을 주는 행동과 연결되어 침이 분비되는 반응을 끌어낸 것이지요.

아이 행동은 앞뒤의 맥락이 중요해요

이 행동주의 이론의 연구자들은 아이의 행동도 이러한 관점으로 접근해요. 어린이집 등원이 무언가 좋지 않은 경험과 연결되었다면 아이가 어린이집 등원을 거부할 수 있는 거지요. 예컨대 며칠 전 어린이집 하원 시간에 엄마가 늦어서 불안했던 경험이 있었다면, 불쑥 그 기억이 떠올라 어린이집 가는 걸 거부할 수도 있어요. 반대로 어린이집을 거부하는 날마다 부모와 키즈카페에 가거나 새 장난감이 생기는 등 특별한 경험이 쌓였다면, 아이는 번번히 어린이집을 안 간다고 떼를 쓸 수도 있어요.

즉 어린이집 등원 거부와 연결된 경험은 아이마다 다를 수 있지만 전후에 있었던 일들 때문에 아이는 등원 거부를 반복하게 되는 거지요. 이러한 경우 등원할 때 아이가 싫어하는 자극이나 행동을 없애줄 수도 있고, 아이가 등원 거부를 한 날, 좋은 결과를 주지 않는 쪽으로 행동해볼 수도 있어요. 아이가 그 행동을 반복하지 않도록 적극적으로 개입하는 것이죠.

아이가 어떠한 행동을 잘했을 경우 칭찬 스티커를 붙여주는 등 보상을 하는 것, 또는 잘못된 행동을 했을 때 아이가 좋아하는 것을 못 하게 하거나 벌을 주는 것 등이 이러한 행동주의적 관점에서 비롯된 방법이라고 할 수 있어요.

행동주의적 관점의 솔루션을 부모들은 매우 좋아해요. 왜냐하면 솔루션이 명료하고, 당장 시도할 수 있을 정도로 쉽고 간단한 경우가 많으니까요. 그래서 실제로 부모들이 접하는 많은 육아 정보가 이러한 행동주의 관점으로 이루어져 있답니다.

근본적인 문제나 욕구를 간과할 가능성도 있어요

그런데 이 관점에도 단점은 있어요. 우선 이러한 관점은 아이의 연령이나 기질적인 차이 등 아이만의 개별적 특성을 고려하지 않아요. 그 행동이 일어나는 맥락을 우선적으로 살피니까요. 따라서 아이에게 적용하기 쉬운 듯 보이지만 실제로는 적용이 잘 되지 않는 경우가 발생할 수 있어요.

또한 현재의 행동 그 자체를 고치는 데는 도움이 될 수 있지만, 행동을 유발시킨 근본적인 문제나 아이의 욕구에 대한 기본적인 해결책은 아니기 때문에 언제라도 예전 행동이 반복되거나 유사한 다른 행동으로 나타날 수 있어요. 마치 손가락 빨기를 칭찬 스티커로 고쳤지만, 이후 비슷한 맥락으로 손톱을 뜯거나 손장난을 하는 등 유사한 행동을 다시 할 수도 있어요. 이렇게 되면 부모는 반복되는 육아 문제에 갇혀버릴 수 있고, 패배감을 지속적으로 느끼며 자신감을 잃어버릴 수도 있답니다.

04
세 번째 관점:
인지발달 이론

인지발달 이론 전문가들은 어떨까요? 아마 그들은 이렇게 말할지도 몰라요.

"다 순서가 있으니, 조금만 더 기다려봐요."

이들은 아이들은 스스로 극복할 수 있는 힘이 있다고 믿고 있어요. 따라서 발달 과정 중에 있는 아이들은 간혹 특별한 행동을 하지만 믿고 기다려주면 무엇이든 아이는 스스로 이겨낼 힘이 있다고 생각해요.

왜냐하면 이들은 아이라는 존재를 굉장히 능동적이고 적극적이며 꾸준히 성장하는 존재라고 여기거든요. 아이들은 이미 잘 자랄 수 있도록 프로그래밍이 되어 있기에 어른인 우리가 할 일은 이러한 과정에 지나치게 적극적으로 개입하거나 일일이 가르치려 들지 말고, 아이의 주도적인 성장을 지켜보며 지지적인 반응만 해주면 충분하다고 이야기하지요.

아이는 가르칠 대상이 아니라 스스로 자라는 존재래요

아이가 태어나 처음엔 누워 있었지만 점차 목을 가누고 기고 딛고 서고 걸을 수 있게 되듯이, 이들은 아이의 정서와 인지발달에도 모두 순서가 있으며 그 과정 중에 일시적으로 불안한 상황도 당연히 발생할 수 있다고 보고 있어요.

이들은 아이는 강요나 주입에 의해 배우는 존재가 아니라, 아이 스스로 관심이 있는 것에 접근하고 탐색하는 등 능동적인 과정을 통해서 배우는 존재라고 강조합니다. 아이가 스스로 배우지 않고 어른이 일방적으로 밀어 넣은 지식은 아이에게 아무 효과도 없다고 보는 거죠.

다소 이상적으로 들릴 수도 있지만 아이의 잠재력을 믿어주고, 아이의 흥미와 관심을 중요하게 생각한다는 점은 아이의 건강한 발달뿐만 아니라 육아에 대한 부모의 부담감을 덜어준다는 면에서 긍정적이라고 볼 수 있어요.

이러한 관점에서 어린이집에 가기 싫어하는 아이의 행동을 해석해보자면, 세상에 나가 독립적으로 사회생활을 시작했지만 때때로 불안과 두려움을 느끼기도 하는 정상적인 과정이라고 볼 수 있어요. 부모가 해줄 수 있는 것은 아이에게 그 시간을 극복할 힘이 있음을 믿는 거예요. 조급함을 잠시 내려놓고 오로지 아이가 스스로 힘을 내기를 기다리고 지지해줘야 하는 것이죠.

05

육아 정보를
제대로 구분하는 힘

아이의 행동을 바라보는 다양한 이론들을 살펴봤어요. 이 중에서 어떤 것은 맞고 어떤 것은 틀리다고 할 수는 없어요. 다만 하나의 행동에 대한 다양한 관점이 존재한다는 것을 이해하는 게 중요해요. 그래야 수많은 육아 정보를 접하며 적어도 내가 선택한 방법이 어떠한 관점에서 출발했으며, 원래 나의 접근과 어떻게 다른지 알 수 있으니까요.

이러한 구분 없이 되는 대로 대응법을 바꾸며 아이에게 적용해보거나, 혹은 한 가지 관점의 육아법만 시도하면서 실패를 반복하곤 자책하는 부모도 있어요. 그러나 심리학의 다양한 관점을 큼직하게 이해하고 구분할 수 있게 되면 아이의 행동을 바라보는 마음에 여유가 생길 수 있어요. 이제 그동안 자주 방문하던 육아 사이트나 참고하던 육아서를 다시 한 번 살펴보세요. 이전과 달리, 각각 책이나 정보들이 육아에 접근하는 방식들이 조금씩 다르다는 것을 느끼게 될 거예요.

아이가 자라는 순서를 배워봐요

지금까지 심리학의 관점에 따라 아이의 행동을 얼마나 다르게 해석하고 있는지 알아보았어요. 정신분석, 행동주의, 인지발달적 관점을 추구하는 각각의 학자들은 때때로 그 안에서 다시 나누어지기도 했으나, 어찌되었건 각자의 이론적 기반을 중심으로 상담 및 치료를 해왔지요. 그리고 그 과정에서 인간 성장에 대한 발달 이론을 만들게 되었어요.

이러한 발달 이론은 마치 지도와 같아요. 지도가 있으면 우리가 지금 어디쯤에 있는지, 목적지에 도착하기까지 어떤 길들을 지나가게 되는지 미리 알 수 있어요. 만약 잘못 가고 있다면 지도를 보고 금방 길을 바로잡을 수도 있고요.

발달 단계 이론도 마찬가지예요. 발달 단계를 알고 있으면 아이의 행동이 정말 잘못된 건지, 또 앞으로는 어떤 변화가 일어날지

예측할 수 있어요. 만약 아이에게 지금쯤 나타났어야 할 변화가 오래 지연되고 있다면 바로 알아차릴 수 있고, 아이가 보이는 이상한 행동의 원인도 무엇이 어디서부터 꼬여 있는 것인지 짐작해볼 수 있지요. 이 이론들은 부모의 든든한 육아 지도가 되어줍니다.

우리는 지금부터 위대한 심리학자들이 남긴 어려운 이론 속에서 내 아이에게 적용해볼 수 있는 것들만 쉽게 추려낸 든든한 육아 지도를 가져볼 거예요. 다만 행동주의의 경우, 단계별 성장이라는 개념보다는 현재의 상황 안에서 자극과 반응을 다루기 때문에 따로 발달 단계를 다루지는 않도록 할게요.

3강

****

채워지지 않은 욕구가
어느 단계에도 없어야 해요

-프로이트의 발달 단계

****

01

욕망을
배워요

이 챕터에서는 정신분석이론의 발달 단계 중 지그문트 프로이트Sigmund Freud의 심리성적 발달 단계Psychosexual theory에 대해 알아볼게요. 이름이 어렵다면 기억하지 않아도 좋아요. 더 중요한 것은 아이가 보여주는 많은 행동들이 어떠한 의미를 가진 것인지 아는 것이니까요.

프로이트의 발달 단계를 알려면 '리비도Libido'라는 성적 본능을 기억해야 해요. 프로이트는 성장에 따라 이 리비도가 집중하는 신체 부위가 있고, 그로 인해 각각 다른 양상의 발달이 이루어진다고 이야기했어요. '성적 본능'이라고 하면 귀여운 아기에게 어울리지 않는 표현이라 놀랄 수도 있어요. 하지만 여기에서 이야기하는 성적 본능은 어른들이 생각하는 성적 욕망이 아닌 보다 광활한 의미의 욕망이라고 볼 수 있어요.

리비도라는 덩어리

리비도를 쉽게 이해하기 위해 리비도를 우리의 몸 안을 돌아다니는 보이지 않는 욕망의 덩어리라고 상상해보세요. 이 덩어리는 아이가 태어났을 때부터 서서히 발달하며 아이의 입, 항문, 성기 등으로 이동하게 됩니다. 이 욕망의 덩어리인 '리비도'가 특정 신체 부위에 머무르는 동안 아이에게는 다양한 욕구들이 발생하게 되지요. 그러한 욕구를 일정 기간 동안 잘 채운 뒤 또 다음 신체 부위로 넘어가요. 그렇게 아이는 계속 발달하게 됩니다.

하지만 만약 그 시기에 자신이 원하는 만큼 욕구를 채우지 못하면 어떻게 될까요? 다음 단계로 이동해야 하지만 욕구는 채우지 못했으니 좌절하게 되고, 결국 미련이 남은 리비도는 자신의 일부를 떼어놓고 이동해야겠다고 결심하게 됩니다. 그리고 이렇게 남게 된 리비도의 조각들은 남겨진 욕구를 채우기 위해 계속 고집을 부리고 성인이 되어서 특정한 것에 집착하는 등 다양한 행동의 원인이 되는 것이죠.

심리학에서는 이러한 상황을 '고착Fixation'이라고 이야기해요. 그러므로 어떠한 욕망이 고착되지 않고 아이의 욕구가 단계마다 충족될 수 있도록 프로이트가 이야기하는 발달 단계를 이해해봐요.

◇

부모의 좋은 습관

◇

아이가 자라면서 시기마다 특별히 집착하는 신체 부분, 행동, 감각이 있대요. 아이가 어제까지 안 하던 행동을 보여도 '갑자기 왜 저래?' 하며 걱정부터 하지 말고 아이가 새로운 시기로 넘어간 건 아닐까 고려해보세요.

02
1단계:
입으로 탐색하는 구강기

리비도가 가장 먼저 집중하는 신체는 입 주변이에요. 그래서 이 시기를 '구강기'라고 합니다. 보통은 돌 전후의 시기라고 볼 수 있어요. 리비도가 구강에 집중해 있는 동안 아이는 입으로 하는 탐색을 통해 자신의 욕구를 충족하려고 해요.

어린아기는 엄마젖, 젖병, 공갈젖꼭지는 물론이고 손에 잡히는 것은 무엇이든 입으로 가져가 침을 바르고 쪽쪽 빨고 보지요? 아이용 장난감이나 자신의 손가락은 흔한 일이고 심지어 발가락을 잡고 맛있게 쩝쩝 먹기도 해요. 아이의 모습이 귀엽기도 하지만 가끔은 위생이 걱정되어 아이가 물건을 빨지 못하도록 부모들은 슬쩍 치우기도 해요.

구강기에는 충분히 물고 빨아야 한대요

상담을 해보면 모든 아이들이 하는 자연스러운 빨기 행동을 두고 어떤 부모들은 아이가 계속 이럴까 봐 걱정하기도 하고, 혹시 애정이 부족해서 아이가 빠는 것에만 집착하는 건 아닐까 불안해하기도 해요.

하지만 구강기의 해석에 의하면 아이가 입으로 무엇이든 가져가 물고 빠는 것은 자신의 욕구를 만족시키기 위해 취하는 자연스러운 행동 중 하나예요. 아이는 자신의 신체로 무언가를 인식하고 탐색 욕구가 충족될 때 자기 자신을 느껴요. 그것은 심리적 안정감의 출발이기도 할 정도로 중요한 과정이에요.

입으로 잘 탐색할 수 있게 도와주세요

따라서 아이가 무언가를 빨고 있을 때마다 못 하도록 제한하는 것은 아이에게 욕구를 채우지 말라고, 해야 하는 것을 무조건 제한하는 것과 같아요. 그러니 되도록 아이 주변에는 빨 수 있는 물건들을 두고, 최대한 자주 닦아서 위생적으로 관리해주세요. 한편 리모컨처럼 깨끗하게 관리하기 어려운 것들은 아이의 탐색 영역 안에 있지 않도록, 눈에 띄지 않게 치워두는 게 현명한 방법이에요.

또한 구강기 아이의 다양한 욕구를 충족시키며 심리적 안정감을 주기 위해 따뜻한 스킨십도 중요합니다. 프로이트에 의하면 이 단계에서 해당 욕구가 잘 채워지지 않아 리비도가 고착이 되면 성인이 된 이후에도 구강기와 관련된 다양한 행동을 고집하게 된다고 해요. 이를 테면 손톱을 물어뜯거나, 음식에 집착하거나, 담배를 많이 피우는 행동의 원인도 구강기적 고착으로 해석할 수 있는 것이지요.

부모의 좋은 습관

0~18개월을 구강기로 봅니다. 이 시기 아이가 손에 쥐는 것마다 입에

갖다 대도 '왜 그럴까?'라고 생각하지 않아도 괜찮아요. 아이는 세상을 탐색하고 있는 중이니까요. '우리 아이가 호기심이 많구나. 세상 공부를 열심히 하고 있구나'라고 생각하면 편하죠. 다만 아이가 입에 넣으면 절대 안 되는 물건, 예컨대 작은 단추, 자석과 건전지(정말 큰일 나요), 전기 제품, 약 등은 아이 손에 안 닿게 늘 치워주세요. 또한 아이가 자주 가지고 노는 장난감은 항상 깨끗이 관리해주세요.

03

2단계:
스스로 만들어내는 항문기

"싫어!"

"내가! 내가!"

"아니야!"

이 시기는 똥고집 삼단콤보를 외치게 되는 시기예요. 생후 1년 반 정도가 지나면 아이에게 중요한 발달들이 본격적으로 이뤄지기 시작해요. 걷기 시작해 스스로 움직이고 탐색할 수 있게 되고, 보이는 것을 직접 만져보는 눈과 손의 협응이 가능해지면서 인지 기능이 빠르게 발달하지요.

그래서 이 시기의 부모들은 호기심이 한창인 아이를 쫓아다니

느라 바빠요. 한편으론 아이에게 다양한 지적 경험과 자극을 주기
위해 본격적으로 노력하기도 해요. 이 시기부터는 여기저기 데리
고 다니거나 다양한 교육용 장난감들을 보여줘도 효과가 좋지요.

고집과 공격성은 도전 정신의 시작이에요

이 시기 아이에게는 고집이 생기기 시작해요. 사실 저 역시도 돌
전까지는 순하다 생각했던 아이가 돌 무렵이 되자 돌변해서 깜짝
놀란 경험이 있어요. 뭐든지 자신이 직접 하겠다고 고집을 부리고

"싫어!" "아니야!"라는 말을 어찌나 잘하는지 하루 종일 뭐 하나 쉽게 가는 게 없었죠. 이 시기의 아이는 자신의 주장을 표현하기 위해 "싫어!" "아니야!"부터 외치기도 하고 미운 표정을 지으며 자신의 공격성을 부모에게 보이기 시작합니다.

대부분의 부모에게 이런 갑작스러운 변화는 당황스럽고 부담스러운 일일 거예요. 하지만 아이는 태어나면서부터 사랑과 공격성을 함께 가지고 태어나요. 아이가 드러내는 이러한 공격성은 실은 부정적이기만 한 변화가 아닌, 아이의 발달 과정에서 나오는 자연스러운 모습이에요. 그리고 이러한 공격성이 있기에 아이는 스스로 무언가 도전해보려는 동기가 일어나게 되고, 비로소 아이 스스로 하나의 인격체로 나아가기 시작하지요.

배변훈련은 아이의 미션이지, 엄마의 미션이 아니에요

이 시기부터 배변훈련과 관련된 다양한 발달이 이루어져요. 괄약근이 발달해 변을 참거나 내놓을 수 있는 힘이 생기고, 화장실까지 직접 갈 수 있는 신체발달이 이루어지며, 배변 의사를 표현하는 언어발달도 함께 뒷받침되지요. 배변훈련은 모든 엄마들에게 성공해야 하는 미션처럼 여겨져 부담이 되기도 하는데 그저 부모가 아이에게 변을 가리라고 요구한다고 해서 저절로 이루어지는 게 아니에요. 앞서 말한 것처럼 다양한 발달 조건이 갖추어져야 하고, 더불어 이 모든 것이 가능한 심리적인 준비까지 전제되어야만 하는 쉽지 않은 과정이에요. 프로이트는 이 시기에 리비도가 아이의 항문에 집중하기 때문에 변을 참고 배출하는 행위를 통해 욕구 충족하는 것이 매우 중요하다고 보았어요.

대학생 때 어린이집에서 실습을 하며 두 돌 무렵의 아이들을 돌보았던 적이 있어요. 한참 배변훈련을 하는 시기라 아이들은 똥에 대한 노래도 부르고, 똥이 나오는 그림책도 읽으며 즐거워했지요. 아이들 중에는 변기 배변을 성공한 뒤 변기를 한참 바라보며 자신의 대변을 신기하고 자랑스럽게 쳐다보는 아이들도 있었고요, 또 물을 내린 뒤 똥이 뱅글뱅글 돌아가며 사라지자 변기를 붙들고 서럽게 우는 아이도 있었어요. 아이에게 똥은 태어나서 처음으로 자신의 힘을 조절하여 만들어낸 산물 그 자체라 특별해요. 게다가 아이들에게는 '똥은 더럽다'라는 개념이 없어서 똥을 친근히 여기며 좋아해요.

따라서 부모는 배변훈련을 할 때 이것을 특정 시기에 해치워야 할 부모의 일방적인 미션처럼 접근해서는 안 되고, 아이의 발달을 면밀하게 살피면서 아이가 준비가 되었는지 확인해야 해요. 너무 빨리, 혹은 실수 없이 하기 위해 아이를 재촉하는 일은 하지 말아야 해요.

만약 부모가 강압적으로 배변훈련을 하면 아이는 항문기 욕구에 고착되어, 성인이 된 뒤 결벽에 집착하는 행동을 보일 수 있다고 프로이트는 이야기하기도 했어요. 배변훈련은 아이의 미션이지, 부모가 이뤄야 하는 미션이 아니라는 점을 기억하고 아이의 속도를 기다려주세요.

◇

부모의 좋은 습관

◇

아이가 밑도 끝도 없이 고집을 부리면 부모는 힘이 들죠. 특히 바쁜 아침에 기어코 본인이 양말을 신어야겠다고 고집을 부리거나, 그 양말이 자기 마음대로 안 신겨진다고 짜증을 내면서 울기까지 하면 부모는 폭발하기 쉬워요. 부모도 사람이라 화가 날 수 있어요. 그럼에도 아이의 고집이 보이기 시작하면 '뭔가 문제가 생긴 걸까?' '어떻게 고집을 꺾지?'라고 생각하기보다는 '아이가 자신의 고집대로 해볼 수 있는 상황'을 언제 허용해줄 수 있는지 생각해보세요. 예컨대 아침에 양말을 신는 게 미숙해서 시간도 오래 걸리고 힘이 든다면 "오늘은 맘에 드는 양말과 모자를 골라볼까? 대신 엄마가 양말은 신겨줄게!"처럼 허용 범위를 제안해보세요. 고집은 아이가 하나의 주체로서 건강하게 잘 자라기 시작했다는 좋은 증거라는 걸 잊지 마세요.

04

3단계:
부모도 아이도 힘든 남근기

초보 부모라서 버거웠던 신생아 시기가 지나고 나면, 이제 육아가 익숙해지고 드디어 안정기가 오는구나 싶을 때가 있어요. 하지만 그런 생각을 하기가 무섭게 미운 네 살이 찾아오고 육아의 제2라운드가 시작되지요. 이전에 했던 육아 고민과는 차원이 다른 새로운 문제들이 여기저기서 봇물 터지듯 발생해요.

많은 부모들이 이전의 훈육 방식이 아이에게 효과가 없는 것 같고, 갈수록 육아가 어려워진다며 고민해요. 그런데 이 시기는 부모에게만 어려운 시기가 아니라, 아이에게도 어려운 시기랍니다. 또한 번의 큰 성장과 변화가 내적으로 시작되었기 때문이죠.

남자와 여자를 구분하기 시작해요

프로이트의 발달 단계에 의하면 이 시기엔 리비도가 아이의 성기에 집중하기 시작해요. 남자와 여자는 서로 다르게 생겼고 전혀 다른 두 성이 존재한다는 것은 이전 시기부터 알고 있던 아이도, 남근기에 이르면 본격적으로 성의 차이에 대해 관심을 갖고 무슨 차이가 있는지 알고자 노력하기 시작해요.

나에게 고추가 있는지 없는지, 아빠는 어떤지 또 엄마는 어떤지, 나아가 다른 사람들은 어떤지 궁금해하고, 이 호기심이 자연스럽게 자신의 성기를 만지는 행위로 이어지기도 해요. 아이가 성기를 만지는 것은 성적 행동인 '자위행위'라기보다는 자신의 신체에 대한 관심 때문에 촉발된 행동을 통해 우연히 느끼게 된 쾌감을 반복하는 것이라 볼 수 있어요. 마치 장난감을 가지고 노는 것처럼 즐거운 놀이일 뿐인 것이죠. 따라서 아이가 성기를 만지는 행동을 보일 때 심하게 혼을 내거나 겁을 주면 안 된다고 많은 전문가들이 말해요.

단순한 호기심의 표현이고, 즐거운 행동을 했을 뿐인데 과하게 혼이 나면 아이에게는 오히려 여러 가지 문제가 발생할 수 있어요. 아이들은 부모에게 혼날까 봐 불안해하면서 성기를 만지기 때문에 원하는 즐거움과 만족을 얻지도 못하고, 부모 몰래 숨어서 만지는 등 오히려 성기에 더 집착하게 되는 결과로 이어질 수 있어요. 그래서 이 경우 다른 즐거운 것을 경험할 수 있도록 부모가 대화를 걸거나 재미있는 신체 활동, 흥미로운 장난감 등으로 자연스럽게 아이의 관심을 바꿔주는 것이 좋아요.

나는 엄마랑 결혼할 거예요!

프로이트가 남근기에서 중요하게 이야기하는 것 중 하나는 '오이디푸스 콤플렉스Oedipus complex'예요. 오이디푸스 콤플렉스는 그리스 신화에 나오는 오이디푸스 이야기에서 유래했지요. 라이오스 왕과 왕비 사이에서 태어난 왕자인 오이디푸스는, 아들이 자신을 죽이고 아내를 뺏는다는 예언을 믿은 아버지 때문에 버림을 받게 돼요. 하지만 가까스로 살아남은 오이디푸스는 이웃 나라의 왕자로 성장하게 되고 결국 신탁의 예언대로 아버지를 죽이고 왕위에 올라 자신의 어머니와 결혼하게 됩니다.

프로이트는 아이가 동성의 부모와 경쟁하며 갈등하다가 결국 자신의 한계를 깨닫고 동성의 부모처럼 되고자 동일시하는 과정을 오이디푸스 콤플렉스라 설명했어요. 이 시기 아이가 오이디푸스 콤플렉스를 경험하고 극복하며 점차 자신의 성역할에 대한 동일시identify를 만들어가는 것이 건강한 발달이라고 보았죠. 사실 이 내용을 처음 배웠을 때는 '내가 엄마와 경쟁을 했다니!' 하며 조금 낯설고 억지스러운 개념이라는 생각이 들기도 했어요. 하지만 아들을 키우면서, 아이가 아빠와 경쟁을 하고 때로는 아빠와 똑같이 하고 싶어 안달하는 모습을 보며 그제서야 오이디푸스 콤플렉스를 제대로 이해하게 되었죠.

그런데 실제로 아이들이 남근기를 보내며 겪는 여러 에피소드를 접하다 보면, 꼭 동일한 성을 가진 부모에게만 국한되는 개념이라기보다는 아이가 엄마와 아빠 사이를 저울질하거나 엄마와 아

빠 사이에서 갈등을 유발시키는 등 다양한 형태로 오이디푸스 콤플렉스가 나타나는 것을 보게 돼요. 그 전까지는 아이가 주양육자와 일대일로 관계를 맺다가 엄마-아빠-나의 삼각관계를 처음으로 경험하게 되는 상황이니까요. 어찌되었건 프로이트의 남근기 단계에서 부모 사이에서의 갈등은 아이의 정상적인 발달 과정으로 볼 수 있답니다.

내가 최고! 잘난 척의 산을 넘는 시기

"선생님, 우리 애는 자기가 최고인 줄 아는 것 같아요. 제가 뭐라고 반응해주면 좋을까요?"

이 질문은 4~7세 아이를 키우는 부모들에게 자주 듣는 질문이에요. 꼭 이 시기 아이들은 "선생님! 엄마! 내가 최고지요?"라고 자주 묻기도 하고, 스스로 자신이 공주나 영웅이 된 것처럼 생각하며 으쓱거리기도 해요. 그뿐 아니에요. 자기가 원하는 대로 안 되면 남 탓을 하며 고집을 부리기도 하고, 다른 친구가 자기보다 무언가를 잘하거나 먼저 어떤 걸 하면 못 견뎌 하며 무조건 자기가 이겨야 한다고 주장하기도 하지요. 아이의 이런 행동을 보고 있으면 부모는 생각이 많아져요. '아이가 너무 이기적인 건 아닐까? 항상 최고일 수는 없는데… 교만해지면 어쩌지?' 같은 고민을 시작하는 거죠.

하지만 프로이트의 남근기는 모든 에너지가 자신에게로 쏠리면서 정상적인 자기애, 1차적인 나르시시즘Narcissism을 경험하는 시기예요. 나르시시즘은 자기애를 의미하는 것으로 이 역시 그리스 신화 중, 물에 비친 자신의 모습에 반해 손을 뻗다가 물에 빠져 죽고 마는 나르키소스의 이야기에서 비롯된 개념이지요.

우리가 흔히 알고 있는 자기애적 성격장애Narcissistic Personality Disorder와 달리 아이가 스스로를 최고라고 여기는 모습은 에너지가 자신에게 집중되는 시기에 정상적으로 경험하는 1차적인 나르시시즘이라고 할 수 있어요. 오히려 이 시기에 정점을 찍어보아야 아이는 정상적으로 내리막길을 걸어 내려와 자신에게 집중했던 에너지를 외부 세계, 타인에게 돌릴 수 있어요.

그렇다고 부모가 미리 아이를 높여줄 필요는 없어요. 다만 아이가 자신의 대단함을 부모가 알아주길 기대할 때 "그럼~ 엄마에게는 네가 최고지!"라고 말하며 아이가 기대하는 인정을 채워주면 됩니다. 자기애가 정점에 있는 이 시기에 아이를 억지로 끌어내리거나, 혹은 다른 사람과 비교하면서 열등감을 심어줄 필요는 없어요.

아이가 자기 자신만 아는 것 같고 '내가 최고야!'라고 외치며 경쟁하는 모습에 걱정하거나 심란해하기보다는, 자연스러운 성장 과정으로 지켜봐주세요. 그리고 아이의 행동에 과민하고 엄하게 반응하지 않아도 괜찮다는 것을 기억해주세요.

성격을 형성하는 중요한 시기예요

프로이트의 남근기에서 또 하나 중요한 것은 바로 초자아superego의 등장이에요. 이전까지 아이는 자신의 본능과 욕구에 의해서만 행동했다면 점차 '해서는 안 되는 것'을 말하는 초자아가 등장하기 시작합니다.

성격은 원초아id, 자아ego, 초자아 구조로 이루어져 있어요. 쉽게 한 번 설명해볼게요. 예를 들어 밤에 아이를 재우고 나오니 갑자기 출출해요. 소시지와 맥주를 먹으며 텔레비전을 보면 딱 좋겠다는 생각이 들었죠. 하지만 막상 먹으려고 하니 살이 찌는 게 걱정이 됐어요. 밤에 야식을 먹는 것은 건강에도 좋지 않고요.

'에이~ 오늘 하루인데 뭐 어때! 그냥 먹고 싶을 때 먹자!' - 본능
'밤에 먹으면 살도 찌고 건강에도 좋지 않아' - 제한과 규칙

두 가지 마음이 갈등하게 되고 우리는 그 사이에서 다양한 선택을 할 수 있어요. 이를테면 본능에 충실해 뒷일 덮어두고 신나게 먹을 수도 있고, 아예 아무것도 먹지 않고 욕구를 참는 결정을 내릴 수도 있어요. 그것도 아니면 절충안으로 맥주만 마시거나, 원래 먹으려 했던 것보다 양을 반으로 줄여서 먹을 수도 있고요.

여기서 맥주와 소시지를 너무 먹고 싶다는 욕구는 원초아라고 할 수 있고, 이를 엄격히 제한하는 목소리는 초자아라고 할 수 있어요. 그리고 이 둘 사이를 중재하며 적절한 결정을 내리는 것을 '자아'라고 볼 수 있죠.

이 셋의 균형은 매우 중요해요. 원초아가 너무 크다면 늘 자신이 원하는 대로, 본능대로만 하려고 할 것이고, 반면에 초자아가 너무 크다면 욕구는 늘 "해야 한다" 또는 "하면 안 된다"에 눌려버리고 말아요. 결국 건강한 성격은 원초아와 초자아 사이를 자아가 잘 조정해 얼마나 건강한 방식으로 욕구를 해소하는가에 달려 있다고 볼 수 있어요.

남근기는 이러한 초자아가 본격적으로 아이의 삶에 들어오는 시기예요. 이 시기부터 부모는 본격적으로 훈육을 시작하게 되고, 아이는 어린이집, 유치원 생활을 통해 사회적 규칙을 배우기 시작해요.

부모는 아이가 건강한 초자아를 갖도록 도와줘야 하는 동시에 초자아가 너무 커지지 않게 주의해야 해요. 특히 부모의 초자아가 큰 경우 부모가 자신의 방식대로 아이에게 많은 것을 제한할 수 있어요. 아이가 사회적, 도덕적 규칙을 잘 배우는 것도 중요하지만, 자신의 욕구를 느끼고 자아를 통해 타협하고 조율하는 방법을 서서히 배워갈 수 있게 돕는 것이 이 시기에는 가장 중요합니다.

◇

부모의 좋은 습관

◇

사람은 끝없이 원초아와 초자아 사이를 오가며 살아갑니다. '오늘밤 맥주를 마실까 말까' '야식으로 만두를 튀길 것인가 찔 것인가'를 고민하면서요. 어른이 되면 스스로 맥주 마시기를 참기로 결정할 수 있어야지, 매일 남에게 내 삶의 결정을 부탁하는 건 진정한 어른이라 볼 수 없을 거예요. 아이 역시 마찬가지예요. 아이 스스로 자기가 원하는 것을 알 수 있어야 하고, 어떤 행동은 참기도 해야 합니다. 이 과정도 연습이 필요해요. 이 시기의 아이는 욕구대로 행동하고, 그 결과 실패도 경험하면서 자라게 된답니다.

05

4단계:
잠복기와 생식기

잠복기는 사춘기 이전인 11세 정도의 기간을 이야기해요. 파란 만장했던 남근기를 지나 본격적인 사춘기가 오기 전 잠시 머무는 평온한 시기이지요.

이 시기 아이는 놀이를 정말 좋아해요. 물론 이전 시기에도 놀이를 좋아했지만, 이 시기부터는 인지발달과 어우러져 더 다양한 놀이를 할 수 있게 되고, 자신의 감정이나 생각을 놀이 안에서 구체적으로 표현할 수 있어요. 그래서 아이는 놀이를 통해 감정을 연습하고 해소하며 성취하고 또래와 연결점을 찾아요.

본격적으로 만나게 되는 다양한 초자아를 내 것으로 받아들이고 그 과정에서 발생하는 많은 긴장감과 좌절감을 놀이로 해결해야 해요. 또한 이 시기에는 이성보다는 동성 친구들을 좋아하게 됩니다. 이전까지는 아이의 관계 속에 부모가 가장 큰 영역을 차지했다면 이제는 친구들과 어울리며 또래 관계에 속하는 것을 중요하게 여기는 시기이지요.

또래와의 놀이 시간은 매우 중요해요

그런데 요즘은 아이들이 학습을 시작하는 시기가 빨라지고, 학습 난이도가 높고, 학습량도 많아지면서, 초등학교 아이들에게 놀 시간이 매우 부족한 것이 현실이에요. 우리의 어린 시절을 생각해 보세요. 방학이 되면 자연에서 뛰어놀고, 동네 친구들과 방과 후에 늘 모여 놀던 추억이 생각나지 않나요? 그런데 요즘 아이들은 그렇게 놀 기회가 거의 없어요.

공부하지 않는 시간조차 아이들은 정형화된 공간에서 정형화된 체험을 하며 시간을 보내거나, 휴대폰이나 컴퓨터로 영상을 보거나 게임을 하며 많은 시간을 보내요. 그러다 보니 아이들이 또래 집단 내에서 우정을 형성하고 사회성을 키워나가는 기회가 너무 부족하고, 성장과 발달 과정에서 찾아오는 많은 긴장과 스트레스를 적절히 풀지 못하고 있어요. 이 시기의 아이들이 상담 센터에 많이 찾아오는 이유도, 잠복기 시기의 아이를 둘러싼 환경이 너무 팍팍하게 바뀌었기 때문은 아닐까 생각해보게 됩니다.

아이에게 공부를 강요하지 말고 충분히 놀게 해주라는 제안이 무리가 될 수도 있는 현실이지만, 그럼에도 아이가 최소한의 놀이를 하고 있는지, 또래와 어울릴 수 있는 시간을 균형 있게 가지고 있는지 한 번 점검해보는 게 어떨까요.

다시 나타나는 리비도, 이성에 대한 관심

다소 무난했던 잠복기가 지나면 아이는 사춘기를 맞이하게 되고 프로이트가 이야기하는 생식기에 이르게 돼요. 다시 리비도가 성기에 집중되었다는 점은 남근기와 비슷하지만 약간의 차이가 있다면, 부모에게 한정되어 있던 남근기와 달리 이제는 부모가 아닌 또 다른 대상, 이성 친구에게 에너지가 향하게 된다는 점이에요.

이 시기에는 이성에 대한 관심이 많아지고 이성과 관계를 맺음으로써 자신의 욕구를 충족시킬 수 있게 돼요. 이 시기의 성적 충동과 공격성은 사회적으로 수용될 수 있는 방식으로 분출하고 해결해가야 하고, 이것이 건강하게 잘 발달되어야 성숙한 성적 본능이 생기게 됩니다. 그리고 훗날 결혼과 자녀 양육을 하며 이 욕구가 충족된다고 프로이트는 보았어요.

이렇게 프로이트의 발달 단계는 리비도라는 욕구의 이동에 따라 태어난 시기부터 사춘기까지의 성장을 다룹니다. 생식기 이후의 발달에 대한 설명이 없는 것은 아쉽지만, 각 발달 단계별로 아이가 추구하는 욕구가 무엇이며 아이에게 꼭 필요한 욕구가 좌절되지 않게 부모가 어떤 역할을 해야 할지 꽤 명확히 알 수 있어요.

◇

부모의 좋은 습관

◇

아이가 친구만 찾는다고 걱정하지 마세요. 누군가 그랬어요. "성인이 되었는데 친구보다 부모만 찾는다면 그게 더 문제가 아닐까요?"라고요. 아이들은 또래 관계를 통해 사회성을 습득해요. 이성에 대한 관심도 마찬가지예요. 이성에 '관심'을 갖는 것은 당연한 발달 단계입니다. 다만 어떤 형태로 나타나는지는 잘 관찰해야지요. 예컨대 아이가 친구에게 과도하게 집착하거나 의지해서 끌려 다니기만 한다면, 그 원인을 알아보고 적극적으로 도와주어야 해요.

프로이트의 발달 단계

연령	프로이트의 심리성적 발달 단계	단계 설명
출생~1세	구강기	리비도는 입에 집중되어 있고 빨기, 씹기, 물기와 같은 행동을 통해 아이는 만족을 얻어요. 입으로 하는 다양한 탐색을 제한하기보다 안전한 환경 내에서 허용해주세요.
1~3세	항문기	리비도가 항문에 집중되는 시기예요. 싫어! 내가! 아니야!라고 자기주장을 본격적으로 하기 시작하죠. 이 시기에 너무 강압적으로 배변훈련을 하지 않도록 주의해야 해요.
3~6세	남근기	리비도가 성기에 집중되는 시기예요. 본격적으로 남자와 여자의 성의 차이에 관심을 갖기 시작하고 다양한 내적 갈등을 겪으며 성격 발달의 토대를 만들어요.
6~11세	잠복기	리비도가 잠시 잠복하는 시기로 또래 관계에 대한 관심이 늘어나고 다양한 사회적 가치를 내면화시키며 자아와 초자아를 발달시켜가요.
12세 이후	생식기	사춘기가 되어 성적 충동이 다시 깨어나기 시작해요. 사회적으로 수용되는 방식으로 충동을 표현하는 법을 배워요.

4강

****

아이는 자라면서
차례대로 미션을 완수해요

-에릭슨의 발달 단계

****

01

사회 속에서 일어나는
7단계 발달 게임

사춘기까지만 다루어 아쉬웠던 프로이트의 발달 단계에 비해 에릭 홈베르거 에릭슨Eric Homberger Erikson의 심리사회적 발달 이론 Psychosocial theory은 아이가 태어났을 때부터 성인이 되어 죽음에 이르기까지 전 생애 발달을 다루고 있어요.

에릭슨은 독일에서 태어난 유대인이었고 대부분의 시기를 유럽을 떠나 미국에서 거주해야 했기에 자신의 자아정체성에 관심이 많았어요. 에릭슨은 프로이트의 딸인 안나 프로이트Anna Freud와 교류하며 정신분석 이론을 연구했어요. 에릭슨은 프로이트의 이론에 사회문화적 맥락을 더했다고 평가받고 있어요. 즉 아이가 갖는 욕구뿐만 아니라 아이를 둘러싼 여러 사회적 관계가 아이의 발달에서 최종적으로 중요하다고 여긴 것이죠.

발달 단계마다 획득해야 하는 능력이 있어요

에릭슨의 심리사회적 발달 이론을 보고 있으면 마치 게임과 같다는 생각이 들어요. 게임에서 각 단계마다 위기를 피하고 미션을 성공하면 점수가 채워지게 되고 그다음 단계로 넘어가는 것처럼, 발달 단계에서도 각 단계마다 이뤄야 할 미션이 있고 실패하면 다음 단계로 가는 게 힘들어진다고 이야기하고 있거든요.

따라서 에릭슨의 심리사회적 발달 이론을 잘 숙지하면, 아이가 각 시기마다 어떤 미션을 성공시키는 것이 중요하고 부모가 무엇을 목표로 노력해야 하는지 알 수 있기에 육아의 효율성이 올라간다고 볼 수 있어요. 지금부터 에릭슨의 발달 단계에 맞추어 아이들이 각 시기마다 이루어야 할 미션을 알아보도록 할게요.

02

첫 번째 미션:
기본적 신뢰감

아이가 태어나 생후 1년 동안 획득해야 하는 미션은 바로 '기본적 신뢰감'을 얻는 것이에요. 나 자신과 다른 사람에 대한 신뢰감, 즉 '나는 참 괜찮은 사람이고 세상(다른 사람)도 참 좋구나'라고 느끼는 게 중요해요. 이것은 애착과 비슷한 맥락이라고 생각해도 돼요. 아이와 애착을 형성하는 것이 생후 1년간 가장 중요한 일이라는 것을 대부분의 부모들은 잘 알고 있어요. 그래서 부모들은 아이에게 최선을 다해 반응하고 헌신하지요.

그런데 때로는 애착의 의미를 정확하게 몰라서 부모들은 고민하고 죄책감을 느끼기도 해요. 아이가 부모와 헤어질 때마다 너무 심하게 울 때, 반대로 아이가 부모와 헤어지는데도 시큰둥할 때,

아이가 위험하고 걱정스러운 행동을 할 때, 아이가 친구만 너무 좋아할 때, 아이가 또래관계에 관심이 없다고 느껴지는 상황에서 부모들은 '애착이 잘 형성되지 않아서 그런 걸까?' 걱정하며 아이와 자신 사이 애착을 의심하게 되지요.

저 역시 아이를 낳고 키우는 1년 동안 늘 애착과 관련된 불안에 시달렸던 것 같아요. 예상치 못하게 제왕절개 수술을 했을 때, 생각처럼 수유가 잘 되지 않아 아이에게 분유를 먹여야 했을 때, 육아 스트레스 때문에 나도 모르게 아이 앞에서 울거나 짜증을 냈을 때 저 역시 필요 이상으로 죄책감을 느끼곤 했어요.

특히 모유수유가 애착 형성에 도움이 된다거나, 아이를 위해 최대 3년은 엄마가 함께 있어야 한다는 말을 들을 때마다 그것이 애착을 형성하는 유일한 방법이 아님을 잘 알면서도 이유 모를 불안함에 괴로워해야 했어요. 아이와의 애착 형성은 중요하지만 엄마 스스로 지나친 죄책감에 괴로워하지 않으려면 애착을 통해 얻어지는 기본적인 신뢰감에 대해 정확히 알아야 해요.

* 애착이란, 아이가 태어난 후 인생 초기에 특별한 누군가와 갖는 친밀한 정서적 유대감.

즉 그 특별하고 안정적인 관계를 통해 아이는 자기 자신과 세상

(타인)에 대한 안정감을 얻게 됩니다. 그래서 아이가 애착을 안정적으로 형성해야 이후 아이의 모든 발달 영역이 건강하게 자랄 수 있어요.

그런데 이 애착은 어떠한 과정으로 형성되는 것일까요? 에릭슨이 말한 '기본적 신뢰감'을 부모는 아이에게 어떻게 만들어줘야 하는 걸까요?

기본적 신뢰감이 쌓이는 과정

아이가 엄마 배 속에 있는 장면을 생각해볼게요. 자궁 안은 아이에게 정말 완벽한 환경이에요. 배가 고플 틈이 없이 탯줄을 통해 영양이 공급되고, 대소변을 누어도 찝찝하지 않지요. 엄마의 몸 안에서 알아서 처리가 되니까요. 온도도 완벽하고 졸리면 언제든 편안하게 잘 수도 있어요. 그런데 세상에 태어나는 순간 이 모든 안정적인 환경이 갑자기 사라져버립니다.

마치 어린왕자가 낯선 지구에 불시착하듯 아이에게 바깥세상은 낯설고 힘든 경험으로 가득하죠. 모든 게 완벽했던 자궁과 달리 배가 고파도 바로 해결이 안 되고, 기저귀도 내내 차고 있어야 해요. 모든 것이 불편하기만 한 아이는 울음을 통해 부모에게 적극적으로 자신의 감정과 요구를 표현합니다. 그리고 아이와 모든 일과를 함께하는 주양육자는 아이가 울음으로 무언가를 요구할 때마다 필요를 충족시켜주기 위해 노력하죠.

그런데 갓난아이는 엄마나 아빠라는 타인의 존재를 인지하지 못해요. 그렇기 때문에 울고 난 뒤 욕구가 채워지면 '엄마가 채워 줬구나' '아빠가 안아줬구나'라고 생각하는 게 아니라, '우와~ 내가 원하니까 다 되네!' '나는 정말 짱인가 봐!'라고 느끼게 되지요.

이 경험이 반복되면 아이가 '나는 정말 괜찮은 사람이구나'라고 느끼며 스스로 신뢰감을 형성해갑니다. 그리고 더 나아가 '나에게 이렇게 잘해주는 세상은 정말 안전하고 좋은 곳이구나'라는 세상

에 대한 안정감까지 쌓게 되고요. 이 기본적 신뢰감은 아이가 앞으로 맺게 되는 모든 관계를 바라보는 프레임frame이 되어줍니다. 나 자신과 세상에 대한 신뢰감이 든든하니, 다른 모든 것을 대할 때도 두려워하지 않고 믿고 접근할 힘이 있는 것이죠.

기본적 신뢰감이 쌓이지 않는 과정

그런데 반대의 경우라면 어떻게 될까요? 아무리 울고불고하며 불쾌감과 불편함을 호소해도 외부에서 반응이 오지 않고 그대로라면 아이는 자신의 요구를 들어주지 않는 양육자를 원망하는 것이 아니라, 이런 것들을 스스로 못 해내는 자신을 원망하게 됩니다. 아이는 '나는 능력이 없나 봐. 나는 별로인가 봐'라고 느끼게 되고, 나아가 '세상은 정말 차갑고 믿을 수 없는 곳이야'라고 생각하게 되는 거죠. 이 불신의 프레임은 이후에 아이가 맺는 모든 관계와 세상을 바라보는 시각에 영향을 줍니다.

기본적 신뢰감은 발달 단계의 첫 미션으로 앞으로 이어질 일곱 개 미션의 기본 토대가 되기 때문에 매우 중요해요. 하지만 그렇다고 아이에게 늘 완벽하게 잘해줘야 한다는 의미는 아니에요.

아이와 함께 먹고 자고 노는 일과 중에 부모는 울음 등 다양하게 표현하는 아이의 요구에 반응해주고 되도록 거부하거나 무시하지 않도록 해야 해요. 아이의 요구에 대해 부모가 얼마나 민감하게 반응하느냐가 아이의 기본적 신뢰감을 형성하는 데 매우 중요하다는 것을 꼭 기억해주세요.

◇

부모의 좋은 습관

◇

아이의 수면과 수유 습관을 바로 잡아주는 것도 중요하지만, 이 시기에 가장 중요한 것은 세상에 대한 기본적 신뢰감을 쌓는 것이라는 점을 기억해주세요. 아이가 불편함을 느끼고 그것을 호소할 때, 습관을 잡는다는 이유로 주양육자의 반응이 더디기만 하다면 아이에게 자신과 세상에 대한 불신이 생길 수 있어요. 수면 교육이나 수유 습관을 잡는 것은, 부모의 마음에 부담을 주지 않는 범위 내에서 아이의 반응을 살피며 진행하는 것이 건강한 방식입니다.

03

두 번째 미션:
자율성

돌이 지나면 아이는 걸을 수 있어요. 걷는다는 것은 활동 반경이 커지고 탐색할 수 있는 힘이 생겼다는 것을 의미하지요. 이때부터 아이는 다양한 사물을 본격적으로 접하고 탐색하면서 자기 나름 대로 자신의 방식을 실험해보고 싶은 욕구가 생기게 됩니다.

그래서 이전까지와 달리 고집을 부리기 시작하고, "내가 할 거야" "아니야" "싫어"와 같은 의사표현을 하게 됩니다. 부모 입장에서는 아이를 통제하기가 버거워졌다고 느낄 수 있지만 아이에게는 너무나 당연히 경험해야 할 발달 과정이고 다음 단계를 위해 꼭 거쳐야 할 미션이지요.

내가 무엇을 할 수 있는지 시험하는 시기

아이는 '나는 내가 원하는 것을 해볼 수 있는 사람!'이라는 자율성에 대한 확신을 이 시기에 얻어야 해요. 그런데 아이에게 자율성을 준다는 것은 사실 말처럼 쉬운 일이 아니죠. 자율성을 아이에게 주자니 늘 통제 불가능한 상황이 발생하게 되고, 시시때때로 위험한 행동을 하려 하고, 아이의 능력으론 할 수 없는 것을 혼자 해보겠다고 고집부리는 상황도 생기게 됩니다. 그런 아이를 꾹 참고 지켜보는 건 정말 어려운 일이죠.

사실 대부분의 부모는 이 시기의 아이들에게 정말 위험한 게 아니면 엄하게 제한을 걸거나 "하지 마!"라고 엄포를 놓지는 않아요. 다만 부모 스스로 알아채지 못할 정도로 은밀하고 부드러운 방식으로 아이에게서 자율성을 뺏는 경우가 많아요.

놀이에서만큼은 아이 마음대로 할 수 있어요

일상생활에서는 어쩔 수 없다고 해도 아이가 완전히 주인이 되어야 하는 '놀이'에서까지 부모가 원하는 방식으로 놀자고 제안을 하거나, 현재 놀이와 상관없는 학습적인 질문을 던지고, 즐겁게 해준다는 명목으로 아이를 자꾸만 새로운 자극에 노출시키는 부모들을 자주 봅니다.

이를 테면 빨간색 블록을 쌓고 있는 아이에게 같은 빨간색 블록을 더 찾아보자고 하거나 몇 개인지 세어보자고 권하는 것, 장난감 기차로 하늘을 나는 시늉을 하는 아이에게 기차는 땅에서 다니는 거라고 알려주며 놀이 흐름을 갑자기 끊어버리는 것, 블록 쌓기에 집중하고 있는 아이에게 다른 장난감을 주며 새로운 자극을 제시하는 행동은, 36개월 이전의 아이를 키우는 부모들이 자주 하는 실수들이에요.

아이가 자율성을 자꾸 빼앗기게 되면 자율성에 대한 수치심이 생겨요

이렇게 자꾸만 자율성을 빼앗기게 되면 아이는 자율성이 아니라 수치심을 얻게 될 수 있어요. 즉, '내가 원하는 것을 하면 다른 사람들이 불편해하는구나. 나는 잘못된 것을 원하나 봐. 정말 부끄러워'라는 생각을 갖게 되는 것이지요.

아이의 자율성을 늘 수용해줘야 하는 건 아니에요. 위험하거나 남들에게 피해를 입히는 행동은 당연히 제지해야죠. 모든 일상에서 아이의 자율성만 집중하며 챙겨주는 것은 실제로는 어렵고요. 하지만 아이의 마음대로 해도 좋을 놀이에서조차 부모의 기준에 맞춰 아이의 자율성을 빼앗고 있는 것은 아닌지 때로는 스스로를 점검해보는 게 좋아요.

◇

부모의 좋은 습관

◇

자율성의 시기에는 절대로 안 되는 것과 자유롭게 허용되는 것 사이에 균형이 있어야 해요. 자신이나 타인의 안전을 위협하거나, 크게 실례가 되는 행동이 아니라면 "안 돼!" "하지 마!"라는 제한을 너무 많이 하지 않도록 조심하세요. 아이의 행동 특성에 따라 어쩔 수 없이 통제를 많이 할 수밖에 없다고 해도, 놀이할 때만큼은 자기가 원하는 대로 자율성을 발휘할 수 있게 허용해주세요.

04

세 번째 미션:
주도성

앞서 자율성 단계가 중요한 이유는, 아이가 자율성 다음 단계인 주도성의 미션을 달성해야 하기 때문이에요. 주도성이 무엇인지부터 정확히 알아볼까요?

주도성은 우리가 흔히 알고 있는 '사회성'과 가까운 의미로 생각할 수 있어요. 대개 주도한다고 하면 자기가 원하는 방식으로 사람이나 상황을 끌고 간다는 의미만 생각할 수 있는데, 실제로 주도성의 의미는 내가 원하는 것만 하려고 고집을 부리는 게 아니라 '내가 원하는 것을 다른 사람과 함께할 수 있는 능력'이라고 볼 수 있어요.

주도성, 사회성을 키우기 위한 기본기

어떤 사람을 사회성이 좋다고 하나요? 자신이 원하는 것만 고집하는 사람을 사회성이 좋다고 이야기하지 않을 거예요. 반대로 자기가 원하는 걸 이야기하지 못하고 늘 다른 사람 말만 따르는 사람도 사회성이 좋다고 말할 수 없겠지요. 아이가 주도성을 갖췄다는 의미는 사회성, 즉 '자신이 원하는 것을 남과 함께할 수 있는 능력'을 알게 되었다는 것이라고 할 수 있어요.

그런데 이 주도성을 획득하기 위해 선행되어야 하는 것이 바로 전 단계 미션인 '자율성'이에요. '내가 원하는 것을 시도하고 도전

해볼 수 있구나'를 아이가 깨우쳐야 '내가 원하는 것을 다른 사람과 함께할 수 있구나'도 알게 되는 것이죠.

36개월 이후부터 취학 전 시기의 아이를 키우는 부모들은 종종 아이의 사회성에 대해서도 신경 쓰고 궁금해해요. 아이가 친구에게 공격적인 행동을 하고 고집을 부려 고민하는 부모도 있고, 반대로 친구들에게 늘 뺏기기만 하거나 친구들과 어울리기보다는 혼자만 놀고 싶어 해서 고민하는 부모들도 있어요.

사회적 스킬과 사회성은 달라요

보통 부모들이 아이의 사회성 발달을 도와줘야겠다고 결심하면, 아이에게 사회적 스킬을 가르치는 것에 집중하곤 해요. 이를테면 '친구 것을 빼앗지 않고 어떻게 사이좋게 놀 수 있을지', 또 '어떻게 이야기해야 또래집단에 들어가 놀 수 있는지' 아이에게 가르치고 연습을 시키기도 하죠.

그런데 사회성은 사회적인 스킬을 배우고 연습한다고 해서 저절로 생기는 것이 아니에요. 진짜 사회성이 형성되기 위해서는 주도성이 생겨야 하고, 주도성이 생기기 위해서는 우선 자율성부터 채워줘야 해요.

한 번 생각해보세요. 하루 종일 쫄쫄 굶다가 배가 너무 고파서 라면 하나를 끓였어요. 그런데 누군가가 와서 "와~ 맛있겠다, 나 한 입만!"이라고 한다면 흔쾌히 나눠주기 힘들겠지요. 왜일까요? 배가 엄청 고팠기 때문이죠. 딱 한 입만 달라는 상대방의 요청이 얄밉게 느껴질 거예요. 반대로 내가 어느 정도 배가 찬 상태인데 라면 한 그릇이 있다면 누군가와 나누어 먹을 수 있을 거예요. 이미 배가 고프지 않은 상태니까요.

아이 입장도 마찬가지예요. 부모와 있을 때조차 내 마음대로 블록을 쌓고 완성된 것을 무너트려보지도 못했는데, 다른 친구가 왔다고 장난감을 나누어 쓰고 함께 놀이를 하라고 하면 아이에게는 무리한 요구로 느껴질 수 있어요. 내가 원하는 것을 언제 채울 수 있는지에 대한 확신이 없기 때문에 지금은 자기 욕구부터 채워야지, 친구와 함께 나누며 놀 수 없는 거죠. 따라서 아이는 자신이 원하는 것만 고집스레 주장하거나, 혼자서 노는 방향을 선택할 가능성이 높아요.

내가 원하는 것을 언제든 할 수 있다는 안정감이 전제되어야, 친구와 함께 놀이를 할 때 "번갈아가면서 할까?"처럼 훌륭한 대안을 제시할 힘이 생긴다는 것을 기억해주세요.

◇

부모의 좋은 습관

◇

사회성을 키우기 위해 아이에게 무조건적인 양보를 강요하지는 마세요. 자신의 욕구가 존중받고 채워져야 다른 친구들에게 나눌 수 있는 마음도 생긴답니다. 아이가 친구에게 장난감을 나누어주지 않으려고 할 때 빼앗듯이 친구에게 줘버리거나 무조건 양보를 강요하면, 장난감에 대한 집착이 더 심해질 수 있어요. 또한 아이가 친구에게 잘 양보하더라도 한 번쯤은 아이에게 물어봐주세요. "혹시 너도 더 갖고 놀고 싶지는 않았니?"라고 말이죠.

05

네 번째 미션:
근면성

초등학생 시절은 근면성이라는 미션을 획득해야 하는 중요한 시기예요. 사실 초등학교 입학을 앞두고는 아이보다 부모들이 더 긴장하지요. 어린이집이나 유치원을 다닐 때와 달리 부모에게도 학부형이라는 새로운 역할이 또 하나 생기게 되니까요. 처음에는 학교를 다니며 본격적으로 사회생활을 할 아이가 안쓰럽기도 하고 걱정스러운 마음이 생기기도 해요.

그런데 시간이 지나면서 아이의 부족한 모습들이 자꾸만 보이기 시작합니다. 유치원과는 분위기도 다르고, 본격적으로 학습을 시작하다 보니 이전에는 몰랐거나 혹은 어리다며 눈감아주던 아이의 부족한 모습들이 또렷이 드러나기 시작해요. 유난히 우리 아이만 자기 물건도 스스로 못 챙기는 것 같고, 집중도 못 하는 것 같고, 생활 습관도 엉망인 것 같아요. 부족한 아이를 보고 있으면 부모는 어디서부터 어떻게 아이를 바로 잡아줘야 할까 걱정될 수밖에 없어요.

조급함에 아이를 채근할 수도 있어요

초조함에 휩쓸려 이전까지 아이와 쌓아왔던 좋은 관계를 짧은 시간 동안 무너트리는 부모들이 종종 있어요. 정말 많은 부모들이 아이의 초등학교 1학년 시기를 보내면서 크고 작은 전쟁을 치르고, 초등학교 저학년 시기가 채 끝나기도 전에 아이의 사춘기 신호가 시작되며 관계가 나빠지곤 해요. 그래서 요즘은 초등학교 2~3학년 아이들이 상담센터에 정말 많이 옵니다.

부모가 아이의 모든 습관을 잡아야 하는 중요한 시기라고 생각하고 있을수록 오히려 아이에게 열등감만 잔뜩 주곤 해요. 아이의 작은 성취들에 대해 이전보다 섬세하게 격려해줘야 하는 시기이지만 오히려 부모들은 더욱 심하게 아이의 행동이나 습관을 지적하며 몰아세우곤 하니까요.

물론, 아이의 생활이나 학업 등 기본 습관을 잡는 게 중요하지 않다는 게 아니에요. 하지만 한꺼번에 밀어붙이다 보면, 이제 막 새로운 환경과 새로운 심리적 국면에 접어든 아이에게는 더욱 버거울 수도 있고, 자칫 근면성이라는 중요한 미션을 놓쳐버릴 수도 있어요.

잘하는 걸 찾아주세요

초등학교 저학년의 시간 동안, 아이가 이루어야 할 심리적 미션은 '나도 잘하는 게 있구나' 깨닫는 거예요. 에릭슨의 발달 단계에

서 이야기하는 근면성이라는 미션이지요.

혹시 초등학교 교실에서 매달 반장을 돌아가며 맡기거나, 아이들에게 우유 가져오기 당번, 칠판 닦기 당번처럼 크고 작은 역할을 부여하는 것을 보신 적이 있나요? 이 시기에는 작은 역할을 제대로 수행하며 느끼는 소소한 성취들을 아이가 계속해서 경험하고, 자신이 얼마나 성실하며 괜찮은 아이인지를 알아가야 해요. 그래서 작은 역할을 부여하는 방법을 교육 현장에서 교사들이 많이 활용하지요.

초등학생 상담을 하다 보면 아직 저학년인데도 불구하고 "나는 잘하는 게 없어요."라고 말하는 아이들이 많아서 안타까운 마음이 들어요. 아이의 자신감을 키우기보다는 부모의 조급한 마음을 잘 다스려주세요. 그리고 또 한 번의 고비를 넘어 성장통을 겪어야 하는 아이들에게 작은 격려를 쌓아주세요. 그 격려들이 모여 이 아이가 근면성을 획득하는 씨앗이 되어줄 거예요.

부모의 좋은 습관

초등학교에 들어가면 경쟁이 본격적으로 시작된 것 같아 부모들은 갑자기 초조해져요. 부모 마음을 아는지 모르는지 아이들은 또 왜 그리

느긋하고 천하태평일까요? 하지만 어제까지 유치원생이던 아이가 갑자기 의젓한 초등학생이 되는 게 더 이상하지 않을까요? 초등학교 시기에는 아이가 스스로에 대한 믿음과 자신감을 가질 수 있도록 잘하는 면을 어떻게든 찾아서 칭찬해주세요.

06

그 이후의
과정

앞에서 차례대로 획득해온, 기본적 신뢰감, 자율성, 주도성, 근면성을 기반으로, 청소년 시기에는 자아정체감을 획득해야 해요. 내가 누구인지, 내가 무엇을 원하는 사람인지, 나는 무엇을 좋아하는지 등 나에 대해 알고, 정체감이 형성되어야 또 다음 과정을 잘 수행해나갈 수 있으니까요.

만약 앞 단계에서 나 자신과 세상에 대한 신뢰감을 획득하지 못하고(기본적 신뢰감), 내가 원하는 것을 시도해보지 못하며(자율감), 내가 원하는 것을 다른 사람과 함께해보지 못하고(주도성), 내가 잘하는 것이 있다는 것(근면성)을 깨닫지 못한 아이는 자아정체감 형성도 실패할 수밖에 없어요.

자아정체감을 잘 형성해야 하는 이유는 이것을 토대로 성인기에 누군가와 친밀한 관계를 맺고(친밀감), 가정과 사회에서 나의 성취를 이루며 살아가고(생산성), 나의 삶과 자아가 통합되는(자아통합) 일련의 과정을 무난히 잘 수행할 수 있기 때문이에요.

아이를 키우다 보면 '아이에게 해줘야 하는 게 왜 이렇게 많을까?'라는 생각으로 막막해질 때가 있어요. 특히 청소년이 되기 전에 인지발달, 정서발달 그리고 신체발달도 골고루 챙겨줘야 하기에 부모로서의 역할에 대한 부담감과 연이어 밀려드는 자책감도 굉장히 커질 수 있지요.

아이가 부모를 통해 배울 것

그런데 에릭슨의 발달 이론을 보고 있으면 한편으론 마음이 편해져요. 영유아에서 초등학교 저학년까지 부모의 손이 가장 많이 닿는 시간 동안 아이가 획득해야 하는 중요한 미션은 고작 네 개뿐이라고 이야기하니까요.

아이로 하여금 자기 자신과 세상을 신뢰할 만한 곳으로 느끼게 하는 것, 내가 원하는 것을 할 수 있고, 나아가 다른 사람과 함께할 수 있다는 확신을 주는 것, 아이가 본인도 잘하는 것이 있다는 것을 알게 해주는 것만 신경쓰면 이후의 발달은 부모의 손이 닿지 않더라도 어느 정도 안정감 있게 진행될 수 있다고 해요. 부모가 해야 하는 일은 이후의 과정을 아이가 스스로 해나갈 수 있도록 기본적인 단계들을 잘 밟도록 도와주는 것, 그뿐인 거죠.

◇

부모의 좋은 습관

◇

우리는 아이의 평생을 책임지지도 못할 뿐더러 그렇게 해서도 안 됩니다. 부모가 해줘야 할 일은, 아이가 주도적으로 자신의 삶을 이끌고 갈 수 있도록 기본적인 토대를 마련해주는 것, 그뿐이에요. 아이가 자신과 세상을 신뢰하고(기본적 신뢰감), 마음껏 도전해볼 수 있으며(자율성), 내가 원하는 것을 타인과 공유하는 법을 알고(주도성), 자신의 능력에 대한 확신을 갖도록(근면성) 하는 것을 육아의 목표로 세워보세요. 어떻게 아이를 키워나가야 할지 좀 더 명확해질 거예요.

에릭슨의 발달 단계

연령	해당 시기의 미션	이 시기에 획득해야 하는 것
출생~1세	기본적 신뢰감	자신을 돌봐주고 반응해주는 양육자로 인해 자신과 세상을 신뢰하게 되는 것. 실패하면 자신과 세상에 불신감을 갖게 돼요.
1~3세	자율성	내가 시도하고 싶은 것을 해볼 수 있는 기회가 있어야 해요. 실패하면 스스로의 능력을 의심하고 수치심을 느껴요.
3~6세	주도성	내가 원하는 것을 타인의 욕구까지 함께 고려하며 해결하는 방법을 배워가야 해요. 실패하면 죄의식을 느껴요.
6~12세	근면성	사회적, 학업적 기술을 배우며 타인과 자신을 비교하곤 해요. 자신이 잘하는 것에 대한 확신이 필요해요. 실패하면 열등감을 느끼게 돼요.
12~20세	자아정체감	'나는 누구지?'에 대한 질문을 갖게 되는 시기예요. 자신에 대해 고민하며 자아정체감을 형성해야 해요.
20~40세 (성인기 초기)	친밀감	타인과의 친밀한 관계(우정, 사랑)를 경험해야 해요. 실패하면 외로움과 고립감에 빠질 수 있어요.
40~65세 (성인기 중기)	생산성	자신의 직업과 가족 형성 등을 통해 무언가를 이루어내는 시기예요. 실패하면 침체감을 경험하게 돼요.
노년기	자아통합	일생을 의미 있고 생산적인 것으로 통합하는 시기예요. 실패한다면 실현되지 못한 것들 때문에 절망감을 느끼게 돼요.

****

아이가 생각하고
배우는 방식도 자라요

- 피아제의 발달 단계

****

01

끊임없이 나를 변화시키며
성장해요

가끔 아이가 그린 그림을 보거나, 아이의 이야기를 들으면서 아이만이 가지는 생각이 독특하고 재미있다고 느껴본 적이 있지 않나요? 세상에 태어나 가만히 누워만 있던 아이는 스스로 움직이고 탐색하게 되면서 새로운 것들을 마주하게 돼요.

피아제Jean Piaget는 이렇게 새로운 것을 마주할 때마다 자신이 가지고 있는 '도식scheme'에 맞춰 그것을 받아들이거나동화; assimilation 또는 이미 자신이 알고 있는 것과 새로운 경험이 다를 경우 조절accommodate하면서 배우고 환경에 적응해간다고 이야기해요.

이를테면 처음 강아지를 알게 되었을 때 '아, 네 발로 걸어 다니는 귀여운 동물을 강아지라고 하는구나!'라고 배우게 돼요. 강아지에 대한 '도식'이 생긴 것이지요. 그러다 어느 날 고양이를 보게 된다면 처음에는 자신이 알고 있는 대로 네 발로 걸어 다니는 귀여운 동물이니 강아지라고 생각할 수 있어요. 하지만 계속 살펴보면 강아지와 다른 점들이 발견되죠. '쟤는 왜 귀가 뾰족하지? 왜 야옹 하고 울지?' 이러한 과정을 통해 '저렇게 생기면 네 발이 있어도 강아지가 아니고 고양이구나'라고 자신이 가진 도식을 수정해 고양이라는 동물, 즉 새로운 것을 배우게 되는 것이에요.

아이는 늘 성장 중이에요

아이는 새로운 무언가를 마주할 때마다 이미 자신이 가지고 있는 생각과 끊임없이 맞춰보고 비교해보며 점차 자신만의 방식대로 세상을 배워나가요. 그런데 이 모든 과정은 계속해서 진행 중이고, 아이는 배움과 수정을 거듭하고 있으므로, 때로는 아이의 생각과 행동이 이해가 되지 않아 답답하거나 미숙하게 느껴질 수도 있어요. 또는 재미있고 독특하다고 느끼기도 해요.

우리가 아이의 인지발달을 배워야 하는 이유는 바로 이러한 과정과 특성을 앎으로써 아이가 가진 생각을 보다 잘 이해하고, 아이에게 더 적합한 방식으로 상호 작용을 하며, 아이가 세상을 꾸준히 배워가도록 도와야 하기 때문이에요. 이제부터 피아제의 발달 단계를 통해 아이가 세상을 배워가는 방식에 대해 알아보도록 해요.

◇

부모의 좋은 습관

◇

아이는 늘 배우는 과정에 있어요. 투두리스트를 하나씩 지워가는 것처럼 '동물'을 명확히 알고, '숫자'를 완전히 알고, 그 다음 단계로 넘어가는 게 아니지요. 과거에 배운 것과 오늘 알게 된 것을 이리저리 조합해 새로운 것을 배워나가는 중인 아이는 어른이 생각지도 못한 엉뚱한 소리를 하는 게 당연하답니다.

02
출생~2세 감각운동기:
온몸으로 세상을 배우는 시간

처음 아이를 낳고 신생아를 키울 때는 먹이고 재우고 씻기느라 정신이 없어 다른 것은 신경 쓸 틈이 없지요. 아이에게 웃어주고 안아주며 가끔 소리 나는 장난감을 흔들어주거나 초점 책이나 모빌을 보여주는 것이 전부예요.

하지만 아이가 기고 움직이기 시작하면 부모는 본격적으로 아이에게 세상을 가르쳐주고 싶어 해요. 보통 이 시기부터 접근성이 좋은 문화센터에 가거나, 또래 아이들을 한데 묶어 엄마표 놀이를 해주기 시작해요. 물감이나 모래를 만져보게 하고, 비닐을 넓게 깔아 아이와 두부나 수박을 으깨기도 하면서 다양한 자극을 경험할 기회를 만들어주곤 하죠.

아이가 놀이에 집중하는 순간은 길지 않은데 놀이가 끝난 뒤 치우려면 헉 소리가 날 만큼 힘들어요. 그럼에도 불구하고 아이에게 다양한 경험을 주기 위해 부모들이 노력하는 이유는 무엇일까요? 이미 많은 부모들이 알고 있듯이, 세 돌 전까지의 아이들에게 "이건 두부야, 이건 수박이야"라고 억지로 가르치는 건 적합하지 않아요. 아이들은 스스로 오감을 통해 직접 보고 만지고 입에 넣어보며 경험으로 세상을 배우기 때문이에요.

직접 느껴야 정보를 습득할 수 있어요

피아제가 이야기하는 감각운동기Sensorimotor stage는 모든 인지발달의 첫 단계로, 감각적으로 느끼는 정보에 의존하지 않고는 아이가 사물에 대해 생각할 수 없다고 이야기해요. 즉 아이가 오감으로 느끼지 않고는 배울 수 없다는 거죠. 아이는 태어나자마자 본능적으로 빨기 같은 반사행동부터 시작해 점차 우연히 해본 행동을 반복 연습하는 단계로 발전합니다.

예를 들어 손가락을 우연히 빨았는데 그게 만족스러웠거나 위안이 되면 아이는 그 행동을 계속 반복하게 됩니다. 다음 단계는 자신의 몸에만 머물러 있던 관심이 밖으로 나가기 시작해요. '와

~ 내가 발을 움직이니 모빌이 흔들리네?' 같은 현상을 발견하면서 반복적으로 발을 움직이게 되지요. 그리고 마침내 발을 움직이며 모빌을 바라보는 것처럼 여러 가지 행동을 동시에 시도해본다던가, 자신의 목표를 위해 적극적이고 의도적인 행동을 해볼 수 있게 됩니다. '저 장난감을 만지려면 이 이불을 치워야지'와 같은 방식으로요.

이렇게 아이의 인지가 점차 발달해가며 부모나 다른 사람의 행동을 자연스럽게 모방할 수 있게 되고, 궁금증을 적극 해결하기 위해 물건을 떨어트려보거나 움직이는 실험도 하게 됩니다. 이러한 행동은 부모에게는 힘들지만 아이의 인지발달에는 매우 중요한 자극이 되지요.

눈앞에서 안 보이면 영원히 사라진 줄 알아요

특히 감각운동기 단계에서 부모가 꼭 알아야 할 중요한 개념 중 하나는 '대상영속성object permanence'이에요.

* 대상영속성이란, 어떤 물체가 가려져 있을 때 완전히 사라지는 게 아니라 계속 존재하고 있다는 것을 이해하는 능력

쉽게 말하면 엄마가 화장실에 가느라 문을 닫고 아이의 눈앞에서 사라져도, 엄마가 사라진 것이 아니라 여전히 존재하고 있다는 걸 아는 능력이에요. 그런데 감각운동기 초기 아이는 이러한 사실을 잘 알지 못해서 엄마가 눈에 안 보이면 영원히 사라진 줄 알고 불안해해요.

이렇게 아이의 인지적 미숙함을 이해하게 되면 일시적으로 육아를 불편하고 힘들게 만드는 아이의 행동도 이해가 되지요. 뭐든 만져보고 입으로 가져가는 행동, 물건을 반복적으로 떨어트려서 부모를 화나게 만드는 행동, 엄마가 잠깐이라도 보이지 않으면 울고불고 난리가 나는 행동 속에는 아이가 세상을 배우는 과정이 숨어 있는 것이죠.

또한 요즘은 아이의 인지발달을 촉진한다는 목적으로 두 돌도

안 된 아이들에게 지나치게 수준 높은 교육을 주입하는 교육 프로그램이나 교구가 많아요. 하지만 아이의 인지발달을 이해한다면 이 시기에는 아이가 놀이처럼 즐겁고 자연스럽게 학습하도록 돕는 게 훨씬 좋다는 것을 기억해야 해요.

◇

부모의 좋은 습관

◇

세상에 처음 태어난 아이들은 자기 자신과 타인에 대해 아무 지식도 없어요. 심지어 '엄마' '아빠'라는 개념도 잘 모르지요. 그런 아이가 첫 번째 생일을 맞이하기 전까지 부모의 존재를 구분해 부르고, 믿고, 온전히 의지한다는 것은 정말 감격스러운 성장이 아닌가요? 비록 화장실도 맘 편히 못 가긴 하지만요.

03

2~7세 전조작기:

내가 보이는 대로 봐요

두 돌 이후부터 학교에 들어갈 무렵의 아이들을 보고 있으면 아이들이 생각하고 표현하는 것이 참 재미있다는 생각이 들어요. 이 시기의 아이들이 그리는 그림은, 이 시기 이후에는 거의 나올 수 없는 다양한 형태와 색깔이어서 부모들을 즐겁게 해주곤 하지요.

피아제는 이러한 시기를 인지발달상 전조작기Pre operational stage라고 이야기했어요. 고도의 조작적 기능을 하기 이전의 단계로 '전pre'이라는 이름에서 알 수 있듯이 이 시기는 예비 단계이고 미숙하다는 의미를 담고 있지요.

이 시기의 아이의 사고 구조는 어른들과는 완전히 달라요. 이전 감각운동기 단계와 달리 '상징적 표상'이라는 것이 가능해졌거든요. 쉽게 말해 상상할 수 있는 능력이 생긴 거예요. 그래서 실제로 만지거나 활용해보지 않아도 사물에 대해 생각하고 이해할 수 있지만, 복합적으로 사고하기보다는 오로지 하나의 측면에만 집중해서 생각하는 한계를 가지고 있어요.

그래서 이 시기 아이의 사고나 행동은 때로는 이기적으로 보이기도 해요. 또한 아이에게 반복적으로 이야기를 해줘도 제대로 이해하지 못하고 하지 말라는 행동을 반복하기도 해서 양육자가 종종 폭발하기도 해요.

물론 최근 들어 피아제가 아이들의 능력을 너무 과소평가한 것은 아닌가 하는 반론이 제기되고 있지만, 아이의 사고방식은 분명 어른과는 같지 않지요. 이제부터 아이만의 재미있는 사고에 대해 한 번 살펴볼게요.

아이의 생각 1) 모든 생각의 중심은 바로 나야 나!

감각운동기 아이들이 자신의 몸에 대해 집중하거나 초보적인 실험을 하는 것에 비해, 이 시기에는 보다 높은 인지 기능을 보여주곤 해요. 하지만 아이는 여전히 한계를 가지고 있는데 그중 하나가 바로 '중심화centered' 특성이에요.

이는 하나의 특성에 집중하면 그 밖의 여러 가지 다른 특성을 종합적으로 고려하지 못하는 것을 의미해요. 특히 자신의 관점에서만 세상을 바라보는 자기중심성egocentrism 때문에 다른 사람이 어떻게 생각하는지, 왜 그렇게 행동했는지 상대의 입장에서 생각하지 못해요.

'아이가 왜 이렇게 이기적이지?'라고 우려하는 상황이 발생하는 원인이 바로 여기 있어요. 아이들은 어른이 생각하는 것처럼 '이기적인 것'이 아니라, 자신의 관점 이외의 것을 동시에 고려하지 못

하기 때문에 이런 경향이 나타나게 되는 거지요.

피아제는 아이들의 자기중심성을 설명하기 위해 '세 산 실험'이라는 유명한 실험을 했어요. 세 개의 산이 있는 모형을 다양한 각도에서 보여준 뒤 아이를 자리에 앉히고 나서, 반대편에 앉은 사람에게 그 산이 어떻게 보일지 이야기해보게 했지요.

이 실험에서 아이들은 상대방의 각도에서 보이는 산의 모습을 이야기하지 않고, 현재 자신이 보고 있는 산의 모습을 상대방도 보고 있을 거라고 설명했어요. 이 실험은 아이가 자신의 관점만 고려해서 사고한다는 것을 보여주지요.

이 실험에 대해서는 다양한 의견이 대두되고 있긴 하지만, 아이를 키우면서 자기중심적인 사고를 자주 마주하는 건 사실이에요. 다른 사람이 뭐라고 하든 내가 하고 싶은 이야기만 맥락에 맞지 않게 한다든가, 숨바꼭질을 하면서 자기 눈만 가리면 상대방이 못 찾을 거라고 생각하는 것, 엄마의 생일 선물로 엄마가 원하는 게 아니라 자기가 갖고 싶은 것을 주는 것 등이 그 예예요.

아이의 생각 2) 난 보이는 대로, 하나만 생각해

커가면서 자기중심화 사고는 서서히 줄어들지만 전조작기가 완전히 끝나서 조작적인 사고가 가능해지기까지 논리적으로 사고하는 능력이 미숙한 상태예요. 그러다 보니 무언가를 판단할 때 다양한 속성을 종합적으로 고려하기보다는 눈앞에 보이는 한 가지 면만 집중해서 판단하곤 하지요. 이를 보여주는 유명한 실험이 바로 보존 개념 실험이에요.

두 개의 기다란 컵에 같은 높이로 물을 채운 뒤 아이에게 보여주면 '두 개의 양은 같다'라고 대답해요. 이후 아이 앞에서 그중 하나를 납작하고 넓은 그릇에 옮겨 담은 후 다시 그 양이 같은지 물으면 아이들은 보통 '가늘고 긴 컵에 담긴 물이, 납작하고 넓은 그릇에 담긴 물보다 더 많다'고 대답하지요.

여러 가지 상황을 종합해 답하기보다는 당장 눈앞에 보이는 컵의 높이, 한 가지 측면에만 집중해 판단을 내리기 때문이지요. 이것은 그릇을 바꿨을 뿐 물의 양은 동일하다든가, 높이가 줄어든 대신 넓이가 커졌다는 개념을 복잡하게 사고하지 못해서 일어나는 오류예요.

이러한 사고는 도덕적인 판단을 할 때도 나타나요. 이를테면 가난한 아빠가 배고픈 자녀를 위해 빵 한 조각을 훔친 이야기를 들려주고 이 아빠의 잘못에 대해 묻는다면, 나이가 좀 더 많은 아이들은 빵을 훔치는 행동이 나쁜 건 알지만 그럼에도 불구하고 훔칠 수밖에 없었던 여러 가지 사정과 가치 판단을 두고 고민하는 모습을 보여요. 하지만 전조작기 연령의 아이들에게 도덕적 규칙이란 결코 바뀔 수 없는 절대적 기준이에요. 즉 훔칠 수밖에 없는 다양한 사정이 고려되기보다 '훔치는 행동은 나쁘다'는 절대적인 기준으로만 판단을 내리는 것이지요.

아이의 이러한 전조작기에 보이는 특성들은 일상 속에서 부모를 당황스럽게 하고 화나게 만들 때도 있을 거예요. 약간 모양이 다른 컵에 평소와 동일한 양의 우유를 줬지만 아이가 짜증을 내거나, 부모 눈에는 물이 다 쏟아질 것 같은 결과가 예상되는데 아이는 기어이 불가능한 시도를 할 때가 있거든요. 하지만 아이의 미숙하면서도 독특한 인지발달 특성을 이해한다면 말도 안 되는 고집을 한 번 꾹 참아줄 수 있어요.

아이의 생각 3) 시간, 감정, 그런 게 뭔가요

전조작기 아이들에게 추상적인 개념은 여전히 너무 어려운 개념이에요. 특히 시간과 감정, 사람의 마음처럼 눈에 보이지 않는 것을 떠올리며 예측하는 것은 아이들에게 어려운 일이에요.

어른들은 10분이라는 시간의 의미를 알고 있기에 누군가가 "10분만 쉬고 다시 시작할 거야."라고 말하면, 10분 안에 할 수 있는 행동을 대충 떠올릴 수 있어요. 화장실을 다녀와서 물을 한 잔 마시고 잠시 쉬면 금방 10분이 지나가겠죠.

하지만 전조작기 아이들에게 10분이라는 시간은 구체적이지 않은 개념이고, 따라서 10분이 갖는 실제적 의미를 알지 못해요. 아이가 놀이를 하거나 게임을 하고 있을 때 "10분 있다가 끌 거야." "10분 뒤에는 정리하고 나가야 해."라고 이야기한다면 아이는 얼떨결에 대답은 하지만, 시간에 맞추어 할 일을 예측하고 놀이를 마무리할 능력은 없어요.

감정도 마찬가지예요. 친구의 물건을 뺏으면 친구가 속상하다는 것을 알려주는 것은 매우 중요하지만, 아이가 친구의 입장이 되어 상대가 느낄 감정을 자연스럽게 예측하는 것은 아직 어려운 일이에요. 이러한 아이의 사고 특성을 이해한다면 아이에게 보다 구체적으로 시간이나 감정에 대해 이야기해줄 수 있어요.

다행히 숫자를 읽게 되면 눈앞의 시계로 일러줄 수 있지만 그보다 어릴 때는 10분이라는 시간적 개념보다는 구체적이고 눈에 보이는 기준으로 설명해주는 것이 좀 더 적합해요. 예를 들어 "지금 보고 있는 영상이 끝나면 나갈 거야."와 같은 방식으로 말이죠. 또한 감정에 대해 가르치는 일도, 자신의 감정을 이해하고 조절하도록 하고 타인의 감정을 배려하도록 가르치기는 해야 하지만 단번에 되지는 않아요. 이것을 완전히 배우기까지는 시간과 반복이 필요하다는 걸 기억해야 해요.

아이의 생각 4) 모든 건 살아 있는 내 친구들이야

혹시 이 시기의 아이들이 그린 그림을 보신 적이 있나요? 어른의 그림과는 다른, 독특하면서도 공통된 특징이 여럿 있어요. 그중 하나는 바로 해나 구름, 나무에 표정을 그려 넣어 살아 있는 것처럼 표현한다는 점이에요. 이러한 특성은 이 시기 아이들의 인지 특성인 물활론animism 을 보여주는 대표적 예예요.

유명 애니메이션 〈토이스토리〉는 장난감을 마치 살아 있는 친구처럼 여기는 아이들의 상상에 기반한 이야기지요. 단순하게 보면 귀엽고 엉뚱한 아이의 생각인 듯하지만 이 시기 아이들은 모든 것들이 살아 있다고 생각해요. 이러한 특성이 현실 육아에서는 때때로 난감한 상황을 만들기도 해요.

저희 아이도 이맘때 저를 상당히 난처하게 했는데 외출할 때마다 아끼는 인형을 다 가지고 나가겠다고 고집을 부리곤 했어요. 아이의 이야기를 들어보면 집에 불이 꺼지고 우리끼리만 나가면 인형 친구가 심심하고 무서울 거라는 게 그 이유였어요.

아이 입장에서는 이것이 매우 타당한 이야기예요. 이런 아이에게 무조건 "안 돼, 놓고 나가야 해!"라고 엄하게 제한할 수도 있지만, 아이가 무엇을 걱정하고 있는지 부모가 이해하고 있다면 이 상황을 다른 방식으로 해결해볼 수 있어요.

이를테면 "네 말대로 인형이 혼자 있으면 외로울 수 있지만 우리가 다 데려갈 수 없으니 여기 인형 친구들에게 함께 모여 놀면서 기다리라고 이야기해주면 어떨까?"라고 안심할 대안을 아이에게 제안할 수 있어요.

인형을 살아 있는 것처럼 생각해 걱정하는 아이에게 인형을 살아 있다고 보고 설득해보는 거죠. 이렇게 아이의 발달을 인지하고 있으면 화내지 않고도 아이를 달랠 수 있답니다.

아이의 생각 5) 내 생각이 곧 진리

아이들은 융통성이 아직 없어요. 한 번 무언가를 받아들이면 그
것을 불변의 진리라 여기는 경우가 많지요. 그래서 "엄마 전화기인
데 왜 아빠가 써!"라며 심통을 부리기도 하고, 또는 횡단보도에서
초록불에 손을 들고 건너야 한다는 것을 배우면 반드시 그대로 해
야 합니다. 차가 전혀 다니지 않는 길, 횡단보도가 없는 길에서 융
통성을 발휘하기란 쉽지 않지요.

때로 꿈과 현실을 헷갈리기도 해요. 예를 들어 분명히 꿈속에서
혼난 것임에도 불구하고 아침에 일어나 기분 나빠하며 엄마에게
왜 어젯밤에 나를 혼냈냐고 엉엉 울거나, 꿈에서 경험한 것을 마치
진짜로 혼동하여 다른 사람들에게 이야기해서 부모를 난처하게
하기도 하지요. 제가 경험한 진땀 나는 사건은 가족이 모인 자리에
서 아이가 불쑥 "할머니, (꿈에서) 엄마가 아빠를 때렸어!"라고 이
야기한 것이었어요.

◇

부모의 좋은 습관

◇

이 시기 아이가 세상을 인지하는 방법은 성인인 우리와는 전혀 다르

다는 것을 늘 기억하는 게 좋아요. '왜 뻔히 안 되는 일로 고집을 부릴까?' '왜 다른 사람의 입장을 고려해주지 않을까?' '왜 자꾸만 엉뚱한 소리를 할까?' 너무 걱정하지 마세요. 우리도 그 과정을 통해 지금의 인지 능력을 갖게 되었으니까요. 오히려 이 시기 아이들만이 보여줄 수 있는 엉뚱함을 아이의 그림과 상상 놀이에서 찾아보세요. 힘든 육아 속에서 의외의 즐거움이 되기도 한답니다.

04

구체적 조작기와 형식적 조작기
: 본격적으로 문제를 해결해요

피아제의 인지발달 단계에 따르면 아이들은 7~11세 학령기에 이르러 비로소 자아중심적인 사고에서 벗어나 다양한 관점을 취하며, 보존 개념과 추상적인 개념에 대한 이해가 높아져 논리적 사고가 가능해진다고 보았어요. 과학적인 사고와 문제 해결 능력도 생겨서 본격적인 학습이 가능해지는 것이지요.

이렇게 논리적으로 사고하며 인지적인 조작을 하는 시기를 '구체적 조작기Concrete-operational stage'라고 해요. 이전의 전조작기에서 보이던 많은 한계점이 이 시기에는 거의 극복되죠.

'구체적 조작기' 때는 가설을 세워 서로 조합해 명제 사이의 논리적 관련성까지 이해하고 활용하는 고차원적 사고 능력까지는 수월하지 않아요. 이러한 능력은 '형식적 조작기formal-operational stage' 단계에 이르러야 가능해요. 하지만 실제로 대부분의 성인들조차도 형식적 조작기 사고까지는 현실에서 활용하지 않는다고 해요.

피아제가 이야기한 전조작기 아이들의 여러 가지 특성은 이후 많은 연구와 실험을 통해 뒷받침되기도 했지만, 반대로 '아이들의 능력을 너무 과소평가한 것은 아닌가?'라는 비판을 받기도 했어요. 실제로 일부 실험에서는 전조작기 아이들도 다양한 관점을 고려해 판단하는 탈중심화적인 사고나 보존 개념, 논리적인 사고를 한다는 게 발견되기도 했고요.

하지만 아이의 인지발달이 어느 한순간에 성인 수준으로 이루어지는 것이 아니라 감각운동기에서 전조작기를 지나 구체적인 조작기로 가는 어느 정도의 단계가 존재하는 것은 맞아요. 또한 학령 전 아이들의 인지는 그 이후 아이들의 인지에 비해 분명 자아중심적이고 비논리적인 특성이 있고요. 이를 기억한다면 아이의 미숙한 행동을 어느 정도 이해하고 기다릴 수 있게 될 거예요.

◇

부모의 좋은 습관

◇

글자, 숫자, 더하기와 빼기 등의 학습도 기호가 갖는 상징적인 의미를 깨닫고, 논리적인 사고가 가능해져야 좀 더 명확하게 이해할 수 있어요. 이것이 영유아 시기에 선행학습을 지나치게 빨리 시작하거나, 놀이를 학습의 연장으로만 다루면 안 되는 이유이기도 하죠. 능력 밖의 지식을 억지로 주입해 끌고 간다면, 학습에 대한 흥미를 잃어버릴 수도 있어요. 아이의 발달을 고려해 조금씩 학습할 수 있도록 도와야 합니다.

피아제의 인지발달 단계

연령	인지발달 단계	설명
출생~2세	감각운동기	아이는 감각과 운동 능력으로 세상을 탐색해요. 점차 모방을 할 수 있게 되고, 어떤 대상이 눈에 보이지 않아도 계속 존재한다는 개념인 '대상영속성'을 획득해가지요.
2~7세	전조작기	'상징'을 사용하게 되면서, 언어 사용, 지연 모방, 그림 그리기, 상징적 놀이 등을 하게 되지만 자기중심성, 중심화, 물활론 등의 인지적 한계가 있어요.
7~11세	구체적 조작기	논리적으로 사고하게 되어 전조작기의 인지적 한계를 극복하지만, 여전히 실제로 존재하는 것에 대해서만 정확한 사고를 할 수 있어요.
11세 이상	형식적 조작기	추상적인 개념, 가설적인 과정이나 사건에 대해서도 논리적으로 추론할 수 있어요. 모든 사람이 다 형식적 조작기까지 발달할 수 있는 건 아니에요.

PART 3

01

우리 애는 왜
내게서 안 떨어질까?

아이가 어릴 때는 딱 한 번만 문을 닫고 여유 있게 볼일을 보거
나, 한가하게 샤워를 하는 게 제 소원이었어요. 눈앞에서 엄마가
잠시만 사라져도 울고불고, 저 아닌 다른 사람은 근처에도 못 오게
하니 잠깐의 여유도 가지기 힘들었죠. 아이가 늘 껌딱지처럼 제게
붙어 있는 탓에, 샤워 한 번 마음 놓고 못 하고 머리는 늘 대역죄인
처럼 질끈 묶은 스타일을 고수해야 했어요. 또한 늘 변비로 고생했
고요. 그러다 보니 나중엔 아이가 어린이집에 다니게 된 이후에도
한참을 습관처럼 화장실 문 닫는 걸 잊곤 하던 웃지 못할 에피소드
도 있답니다.

아마 대부분의 엄마들은 아이가 엄마 껌딱지가 되는 이 시기의

고충을 공감하실 거예요. 아이가 태어난 직후에는 먹이고 재우는 문제로 고생을 하지만 그 시기가 지나면 자연스럽게 아이가 엄마에게 집착하며 절대로 떨어지려고 하지 않는 껌딱지 시간이 찾아오게 되지요.

아이가 잘 떨어져도 불안, 안 떨어져도 불안

이런 행동은 엄마와 애착 형성이 잘되어서 그런 거니 당연한 일이라고 생각하다가도, 기간이 길어지면 체력적으로나 정신적으로 너무 힘들어집니다. 게다가 조리원 동기인 다른 아기들은 이제 덜 그런다는데, 내 아이만 엄마에게 심하게 집착하고 엄마가 안 보일 때 불안해한다면, '아이와 애착 형성이 잘못된 것은 아닐까?' '내가 아이를 잘못 키우고 있는 건 아닐까' 하는 생각에 걱정이 되기도 해요.

특히 조금 일찍 아이를 어린이집에 보내야 하는 경우, 아이가 엄마와 떨어질 때마다 힘들어한다면, 정말 속상하죠. 곧 나아지겠지라는 생각으로 버티기는 하지만 혹시 정서적으로 불안정한 건 아닌지, 애착에 문제가 있는 건 아닌지 걱정이 쏟아집니다.

6~8개월이 되어야 엄마를 처음 인식해요

2부에서 아이의 발달 단계를 배우며 '애착'에 대한 이야기를 한 차례 나누었어요. 간단히 말하자면 완벽한 환경인 자궁에 비해 세상에 태어난 아이는 여러 가지로 불편함을 느끼게 되고 울음을 통해 자신의 욕구를 표현하기 시작해요. 이때 부모는 아이의 울음을 듣고 그 욕구를 즉각적으로 채워주기 위해 노력하고요. 이 과정에서 아이는 나의 욕구가 민감하게 채워지는 것을 느끼며 세상과 자기 자신을 신뢰하게 됩니다.

이 시기의 아이는 엄마나 아빠 같은 타인의 존재를 정확하게 인지하지는 못해요. 사람의 얼굴 형태를 좀 더 시각적으로 선호할 뿐 '와, 당신이 나의 엄마군요!'라고 느끼며 엄마(또는 주양육자)를 지각하는 것은 아니에요.

쉽게 말하면 아기는 막연히 '이곳은 참 믿을 만한 곳이고, 나 자신도 꽤 괜찮은 것 같아' 정도의 만족감을 느낄 뿐이에요. 그러다가 6~8개월 무렵이 되어서야 비로소 자신의 욕구를 민감하게 채워준 주양육자를 하나의 대상으로 인지하게 돼요.

그동안 특별한 누군가가 나를 돌봐줬다는 것을 알게 되면, 어떤 느낌이 들까요? 그 대상이 사라질까 봐 두려울 거예요. 나를 돌봐주고 내 욕구를 채워주는 그 사람이 없으면 내가 살아갈 수 없을 거라는 생각이 드니까요.

아이는 그래서 엄마가 멀리 갈까 봐 걱정하며 딱 달라붙기 시작합니다. 껌딱지처럼요. 그래서 엄마에게서 떨어지면 불안을 느끼고(분리 불안) 엄마가 아닌 다른 사람이 다가올 때 경계하기 시작해요(낯선이 불안). 즉 분리 불안이나 낯선이 불안은 애착이 불안정하기 때문에 나타나는 게 아니라, 오히려 애착의 주된 대상을 제대로 인지했기 때문에 나타나는 아이의 정상적인 불안 반응이라고 할 수 있어요.

이런 행동은 언제 좋아질까요?

엄마들은 언제쯤이면 아이가 울지 않고 어린이집을 가게 될까, 조금이라도 편하게 화장실을 가게 될 날은 언제 올까 하는 생각을 해보곤 해요. 아이는 인지가 발달하면서 점차 엄마가 보이지 않아도 머릿속에 그려볼 수 있어요. 그러다 스스로 움직이며 적극적으로 탐색하기 시작하는 등 세상을 향해 나아가고자 하는 단계에 이르게 되면 이러한 불안도 점차 낮아져요.

하지만 이 행동이 좋아지는 시기는 아이의 타고난 특성(기질)에 따라 조금 차이가 있어요. 새로운 것을 탐색하는 것에 흥미가 많은 아이들은 더 빨리 세상으로 나아가기도 하지만, 낯선 것을 보면 불안함을 느끼고 천천히 지켜보기를 원하는 성향의 아이들은 다른 아이들보다 엄마와 떨어지는 데 시간이 오래 걸릴 수 있어요.

언어발달이나 신체발달의 속도가 아이마다 다르듯, 인지 및 정서발달에도 개인차가 있다는 걸 알아두세요. 그래야 애착 형성에 대해 과도하게 걱정하며 육아 자신감이 하락하는 것을 방지할 수 있어요. 아이마다 차이가 있으니 부모는 기다려주는 것이 최선이에요.

아이의 분리 불안이 걱정될 때 생각해보세요

1. 헤어질 때 운다고 해서 애착에 문제가 있는 건 아니에요

아이는 엄마를 특별한 존재로 여겨서 당연히 슬퍼하고 저항할수 있어요. 안정적으로 애착이 형성되었다고 해서 주양육자와 잘 분리되는 게 아니라, 오히려 주양육자를 분명하게 인식했기 때문에 분리 불안을 보이는 것이지요.

2. 주양육자와 함께할 때 아이가 안정감을 느끼는지 보세요

아이가 분리 시 불안해하는 것을 걱정하기보다는, 아이에게 안정감을 주는 데 있어 주양육자인 부모가 어떤 기능을 하고 있는지 살펴보세요. 메리 에인스워스Mary Ainsworth는 안정적인 애착 대상은 아이가 자유롭게 탐색하도록 돕는 안전기지secure base가 되어준다고 했어요. 처음에는 두렵고 불안해도 주양육자가 함께할 때 아이가 결국 새로운 놀이를 시도하고 탐색할 수 있다면 주양육자를 믿을 만한 애착 대상으로 생각하고 있다고 볼 수 있지요.

3. 엄마와 헤어졌다가 다시 만났을 때의 아이 반응이 더 중요해요

이어서 애착실험에 대한 이야기를 하겠지만, 헤어질 때만큼 엄마와 다시 만났을 때의 아이 반응이 아주 중요해요. 저는 상담을

할 때 "그래서 엄마와 다시 만났을 때 아이는 어떤 반응을 보이나
요?"라고 부모님들께 꼭 묻는답니다. 주양육자와 떨어져 있다가
다시 만나게 되었을 때, 아이가 반가워하고 안정을 다시 찾는지 살
펴보는 게 더 중요해요. 헤어지면서 우는 아이를 보면 가슴 아프지
만, 그럼에도 불구하고 다시 만났을 때 엄마에 대한 아이의 마음이
회복된 상태라면 크게 걱정하지 않아도 돼요.

◇

부모의 좋은 습관

◇

돌 전후까지의 육아가 유독 힘든 이유는 아이와 24시간 늘 함께하기
때문이기도 해요. 껌딱지처럼 엄마에게 붙어 있는 아이를 보며 '언제
쯤 자유가 찾아올까' 한숨이 나기도 하고요. 하지만 아이에게 있어 이
시기는, 앞으로 부모와 건강하게 분리될 수 있는 기본적인 힘을 만드
는 시기랍니다. 아이가 부모만 찾는 시기는 그리 길지 않잖아요. 조금
만 더 아이와 함께해주세요.

02
내 아이가 불안정 애착인지
아는 법

아이가 조금이라도 걱정이 되는 행동을 하면, 많은 부모들이 가장 먼저 '애착'을 떠올려요. '혹시 애착이 잘 형성되지 않아서 이런 게 아닌가?'라고 생각하며 후회되는 기억을 떠올리곤 하죠. 심지어 청소년 상담센터에 오는 아이들의 부모조차, 유아기 애착에 대한 이야기를 꺼내곤 해요. 15년 이상 된 옛날 일임에도 불구하고 계속해서 걱정할 만큼, 부모에게 있어 애착이란 무겁고 부담스러운 주제이지요.

애착은 양육자 또는 특별한 사람과 맺는 친밀하고 강력한 정서적 유대관계예요. 생애 초기에 아이는 주양육자와 밀착된 채 하루를 함께하면서 신체적·심리적으로 접촉하게 되고, 양육자의 민감한 반응을 통해 안정적인 애착을 형성하게 되죠.

애착은 막연하게 생각하면 너무 어려운 주제예요

애착이 중요한 이유는 아이의 마음에 자신과 타인에 대한 내적 작동모델internal working model을 만들기 때문이에요. 쉽게 말하면 안정적으로 애착을 형성한 아이는 이후 다른 사람들과도 두터운 신뢰로 안정적인 관계를 맺는 데 유리하고, 자기 자신에 대해서도 '나는 사랑받는 존재'라는 긍정적인 자아 모델을 갖게 됩니다. 반면 애착이 불안정하면, 타인과의 관계를 형성하는 것도 불안정적일 뿐만 아니라, 자기 자신에 대해서도 '나는 가치가 없어, 다들 나를 싫어해'라는 부정적인 모델을 가질 수 있어요.

많은 연구들이 이야기하듯 애착은 한 인간에게 있어 정말 중요한 부분이에요. 애착은 어린 시절뿐만 아니라 자라면서 맺는 모든 관계에 영향을 주게 되니까요. 하지만 애착을 제대로 이해하지 못하면 양육 과정에서 일어나는 모든 변화를 전부 애착 탓으로 돌리거나, 애착에 대해 걱정하느라 현재 아이와 깊이 맺을 수 있는 관계를 방해하기도 해요.

실제로 많은 부모님들이 안정 애착의 개념을 정확하게 이해하지 못해 아이가 엄마를 너무 찾아도, 아이가 엄마와 의연하게 분리되어 잘 놀아도 애착을 걱정합니다. 따라서 애착 형성을 위해 부모가 할 수 있는 것들을 명확하게 짚어볼 필요가 있어요.

안정 애착과 불안정 애착을 알아보는 법

에인스워스는 스트레스가 있는 낯선 상황에서 아이가 애착 대상인 부모에게 어떻게 반응하는지 살피기 위해 1~2세 영아와 부모를 대상으로 '낯선 상황 절차Stranger situation'라는 실험을 고안해 실행했어요. 이 실험은 아이가 주양육자(엄마 또는 아빠 등)와 있다가 분리되었을 때, 다시 만났을 때, 양육자 없이 낯선 사람이 아이를 위로할 때, 그리고 부모가 다시 나갔다가 돌아와 재결합할 때 등 여덟 가지 상황으로 구성되어 있어요.

낯선 상황 절차

상황 1 연구자가 주양육자와 아기에게 놀이하는 공간을 소개하고 나간다.

상황 2 아기가 노는 동안 주양육자는 앉아 있다.

상황 3 낯선 사람이 들어와 주양육자 옆에 앉아 대화를 나눈다.

상황 4 주양육자만 방에서 나가고, 아이가 불안해하면 낯선 사람이
아이를 달래준다.

상황 5 주양육자가 다시 돌아오고, 아이가 불안해하면 달래준다. 낯
선 사람은 방을 나간다.

상황 6 주양육자도 방을 나간다.

상황 7 낯선 사람이 다시 들어와 아이를 달래준다.

상황 8 주양육자가 다시 아이에게 돌아오고 필요하다면 달래준다.
아이가 장난감을 가지고 다시 놀 수 있게 시도한다.

여기서 중요하게 관찰해야 할 상황은 다음 세 가지예요.

- 아이가 양육자와 함께 있을 때 (안전기지로서의 부모)
- 아이가 양육자와 헤어질 때 (분리)
- 아이가 양육자와 다시 만날 때 (재결합)

그리고 각각의 상황에서 보이는 아이의 반응에 따라 애착의 유
형을 네 가지로 구분할 수 있어요.

안정 애착인 아이는

제일 먼저 '안정 애착Secure attachment'을 살펴볼게요. 에인스워스의
연구에서 미국 영아 중 약 70퍼센트가 이 '안정 애착'에 속했어요.

안정 애착 아이들은 주양육자와 함께할 때 비교적 안정적이고
자유롭게 낯선 곳을 탐색합니다. 낯선 사람이 있어 조금 신경이 쓰
이거나 불안해할 수도 있으나 주양육자가 있으니 안심하죠. 그러
다 주양육자가 사라지면 불안을 느끼고 울음을 터뜨리기도 해요.
아이에 따라서 쉽게 달래지기도 하지만 오래 걸리는 아이도 있어
요. 그리고 마침내 주양육자가 돌아왔을 땐, 약간의 칭얼거림은 있
을 수 있지만 다시 왔다는 것에 안도하고 이내 편안함을 되찾아요.

연구 결과에 의하면 안정 애착은 보통 따뜻하고 일관성 있는 양
육, 주양육자가 아이에게 민감하게 반응하면서 보살폈을 때 형성
이 됩니다.

엄마가 있어 안전해   엄마가 왜 사라졌지   엄마가 다시 왔다!

회피 애착인 아이는

불안정 애착 중 '회피 애착Insecure-avoidant attachment' 유형이에요. 에인 스위스의 연구에 의하면 미국 영아 중 약 20퍼센트 정도의 아이가 불안정 회피 애착 유형에 속했다고 해요.

이 아이들은 낯선 공간, 상황에 있어도 큰 저항이 없고 오히려 잘 적응하는 것처럼 보이기도 해요. 낯선 사람을 양육자보다 더 좋아하기도 하고요. 그리고 주양육자가 사라져도 격렬한 반응을 보이지 않아요(무언가에 깊이 집중해 못 알아채는 것과는 다르지요). 그러다가 양육자가 다시 나타나도 큰 반응이 없어요. 약간 시큰둥하죠. 양육자에게 적극적으로 다가가고 위안을 느끼는 행동이 확실히 적은 유형이에요.

연구자들은 회피 애착의 경우, 아이가 무언가를 요구해 그 필요

상관없어   상관없어   상관없어

가 채워졌어야 하는 상황에서 주양육자의 계속적인 무반응이나 무시를 당했을 때 형성된다고 보았어요. 아이 입장에서는 애착 대상인 부모가 위안을 주는 존재도, 의지가 되는 존재도 아니기에 눈앞에서 사라져도, 다시 나타나도 큰 동요가 없는 것이지요.

보통 애착 실험이 15개월 전후까지 이루어진다는 것을 고려해 보았을 때, 낯선 상황에서 양육자가 없는데 불안해하지 않고, 양육자로부터 큰 위안을 얻지 못하는 회피 애착의 유형은 상당히 불안정한 모습이라고 볼 수 있어요.

저항 애착인 아이는

불안정 애착 중에는 '저항 애착Insecure-resistant attachment' 유형도 있어요. 연구 결과에서 약 10퍼센트 정도의 아이가 이 유형을 보였습니다.

설마 설마   +   난리 난리   +   흥흥흥!

불안정 저항 애착의 아이들은 주양육자가 곁에 있어도 징징거리는 경우가 많아요. 혹시라도 양육자가 없어지거나 상황이 달라질까 봐 노심초사하는 아이처럼 늘 정서가 편안하지 않지요. 그러다 보니 실제로 양육자가 없어지면 난리가 나고 격렬한 반응이 오래 이어진답니다. 누군가 달래줘도 소용이 없지요. 그런데 이 아이들은 양육자가 다시 나타난다고 해도 금방 달래지지도 않고 안정이 되지도 않아요. 그토록 자신이 원했던 양육자가 나타났지만 오히려 밀어내며 저항하고 원망을 쏟아내지요.

이러한 애착 유형은 평상시에는 아이를 따뜻하게 돌보는 듯하지만 부모의 기분이 좋지 않으면 아이에게 차가워지는 등 비일관적으로 양육할 때 많이 관찰됩니다. 아이는 부모가 좋은 대상임을 알고, 따뜻한 사랑을 원하지만, 아이가 부모를 잔뜩 보채야만 그 사랑을 얻을 수 있다는 것을 깨달은 거예요. 그래서 이렇게 지나친 행동으로 사랑을 갈구하고 표현하게 되는 것이지요.

혼란 애착인 아이는

마지막으로 '혼란 애착Disorganized attachment' 유형이 있어요. 혼란 애착은 최초 실험에서는 다루어지지 않았지만 훗날 연구자들에 의해 추가되었어요. 네 가지의 애착 유형 중 분리 시 가장 많은 스트레스와 불안정함이 나타났어요. 이 아이들은 양육자를 다시 만났을 때 양육자에게 다가가려고 하면서도 동시에 두려운 마음 때문에 피하는 혼란스러움을 보여주었어요.

이런 애착은 부모의 우울증으로 인해 아이에게 분노를 표출하곤 했거나, 해결되지 않은 어떤 문제로 인해 부모에게 만성적인 심리적 스트레스가 있는 경우에 많이 발생했어요.

엄마와 떨어질 때 운다 해서 모두 불안정 애착은 아니에요

애착 유형을 살펴볼 때 중요하게 기억해야 할 것은 단순히 양육자와 헤어질 때 아이가 힘들어한다든가, 겁이 많다는 이유만으로 불안정 애착이라고 판단할 수 없다는 점이에요. 애착에서는 분리뿐만 아니라, 평소에 양육자를 얼마나 안전한 기지로 생각하는지, 양육자가 있을 때 얼마나 아이가 안심하는지, 또한 아이가 양육자와 분리 시 힘들어해도 다시 만났을 때 반가워하는지 등을 복합적으로 보아야 해요.

이를 테면 기질적으로 낯선 환경에 대한 두려움이 많은 아이는 안정을 찾고 탐색하며 놀기까지 시간이 오래 걸릴 수 있고 양육자를 오랫동안 찾기도 합니다. 그럼에도 불구하고 양육자가 없는 상황에 비해, 양육자가 있을 때 아이가 두려움을 극복하고 탐색과 놀이를 이어간다면 아이의 애착을 걱정할 필요는 없지요.

엄마가 아닌 다른 사람과 애착이 형성되어도 괜찮을까?

요즘은 아이의 주양육자가 엄마가 아닌 경우가 많아지고 있어요. 아빠가 육아휴직을 하기도 하고, 직장에 다니는 부모 대신 할머니나 베이비시터가 아이를 봐주시기도 하죠. 그러다 보면 초기 애착이 엄마가 아닌 다른 사람과 만들어지는 경우도 많아요. 아이는 자신과 가장 많은 일과를 함께하며 자신의 필요를 채워주고 반응해주는 대상과 애착을 형성하게 되니까요. 이런 경우 많은 엄마들이, 아이가 다른 사람과 애착이 형성된 상황을 걱정하기도 하고, 내가 아닌 다른 사람을 엄마처럼 생각하는 것 같아 서운한 마음이 들기도 하지요.

그런데 엄마와의 애착이 더 안전한 애착이거나 그 애착이 있어야만 아이가 더 건강하게 자라는 건 아니에요. 중요한 것은 아이에게 스스로를, 그리고 세상을 믿을 만한 곳으로 느끼게 해주는 애착 대상이 존재하는가의 여부입니다. 애착 대상이 엄마가 아니

라, 아빠나 할머니 또는 베이비시터라고 해도 안정적인 애착 대상
이 있는 것은 중요해요.

물론 이러한 상황에서도 아이는 결국 '엄마'가 누군지 알게 됩
니다. 주양육자로서 엄마가 아이를 키우지 못하는 상황이라고 해
도, 엄마는 아이의 영유아기를 함께 보내면서 친밀한 관계를 유지
하기 위해 항상 노력해야 해요. 아이가 엄마와 애착을 형성한 경우
에도, 아빠는 아빠로서 아이와 관계를 잘 맺기 위해 별도의 노력을
해야 하고요.

그러니 엄마가 아이의 주양육자가 되지 못하는 상황이라고 해
서 무조건 걱정하며 죄책감을 느끼기보다는, 아이에게 안정적인
애착을 줄 수 있는 대상을 만들어주세요. 더불어 엄마는 아이와 친
밀한 관계가 되도록 계속 노력해야 하고요.

좋은 애착 관계를 만들려면 어떻게 해야 할까?

애착 형성의 골든타임은 생후 1년이에요. 이 시기에는 노력 대
비 좀 더 수월하면서도 강력하게 아이와 애착을 형성할 수 있어요.
물론 그 이후에 애착이 절대 변하지 않거나 만들 수 없는 건 아니
에요. 다만 더 많은 노력이 필요할 뿐이죠.

아이와 좋은 애착 관계를 맺어야겠다는 생각이 든다면 어떻게 해야 할까요? 만약 아이의 출생 후 초기 1년 동안 뚜렷하게 염려되는 부분이 있다면 아동발달센터나 전문심리상담센터를 찾아가 아이와의 상호 작용과 관계를 체크받고 양육 코칭을 받을 수도 있어요.

이러한 경우 아이의 연령에 맞춰 몇 가지 발달 및 심리검사를 진행하게 되고, 부모와 아이의 놀이 모습을 통해 관계와 상호 작용을 살펴보게 되지요. 센터나 전문가를 찾아가는 일이 어렵게 느껴질 수도 있으나, 걱정되는 부분이 있다면 빨리 점검을 받고 놀이치료나 양육 코칭 등 적극적인 도움을 받는 것이 좋아요.

이 책에서는 치료나 진단이 필요한 경우를 제외하고, 부모와의 일상적인 상호 작용에서 안정적인 애착을 만들어가는 방법을 살펴보도록 할게요.

1. 눈 맞춤과 스킨십

아이의 요구에 부모가 민감하게 반응하기 위해서, 또한 아이가 지금 관심을 갖고 있는 것을 정확하게 알기 위해서 가장 필수인 것은 눈 맞춤이에요. 또한 눈 맞춤만큼 강력한 다른 방법은 피부와 피부가 맞닿는 스킨십이랍니다. 아이들은 피부로 전해오는 감촉을 예민하게 느껴요. 그래서 마사지나 쓰다듬기, 안아주기 등의 스킨십이 백 마디 말보다 강력한 효과가 있어요.

아이와 안정적으로 애착을 맺고 싶다면, 하루 일정 시간을 정해서 그 시간만이라도 아이와 마주보고 앉아 놀이를 하고 아이 눈을 자주 봐야 해요. 긴 시간이 아니어도 좋아요. 전문가들은 제대로 된 10분의 시간이면 충분하다고 이야기해요. 가능하다면 아이가 놀고 있을 때 아이 머리나 등을 살짝 쓰다듬어주거나, 놀이 중 하이파이브를 하는 등 자연스러운 스킨십을 꾸준히 시도해보세요. 특히 아이가 자랄수록 의식적으로 노력하지 않으면 예전만큼 스킨십을 자주 못 할 수 있어요. 그러니 눈 맞춤, 스킨십을 꾸준히 챙겨야 해요.

2. 반응해주기

'반응해주기'는 아이의 모든 것을 들어주고 무조건 받아주라는 의미가 아니에요. 돌 이전 신생아 때처럼 항상 아이의 요구에 민감하게 반응해줄 수는 없지만 적어도 아이가 이야기할 때 듣고 있다는 표현을 성실히 해주고 이따금 질문도 하면서 아이에게 성심껏 반응해주도록 노력해보세요.

또한 아이가 부를 때 '잠깐만'이라고 말하기보다는 의식적으로 하던 일을 잠시 멈추고 아이를 바라봐주는 게 중요해요. 물론 집안일과 여러 가지 상황 때문에 바빠서 항상 아이에게 머물러줄 여유가 없기도 하지요.

하지만 부모의 '잠깐만'이 계속 반복되면 아이들은 부모와 이야기하는 것을 점차 포기해버려요. 아이는 자신의 이야기와 행동에 대해 부모로부터 반응을 받을 때, '부모님이 나를 중요하게 생각하는구나…'라고 확인하게 되고 신뢰감을 형성해요. 따라서 매번은 어려워도, 가끔씩은 아이가 부를 때 고개를 돌려 바라봐주고 반응해주는 게 좋아요.

3. 오락가락하지 않기

그동안의 연구에서는 부모의 일관적이지 않은 육아 태도, 즉 부모의 기분이나 상황에 따라 육아 방식이 오락가락하거나 혹은 예고 없이 아이에게 버럭하는 불안정한 부모의 육아가 아이로 하여금 불안정적인, 특히 저항적인 애착을 만들어낸다고 보았어요.

이것은 항상 아이의 요구를 수용하고 받아주라는 의미가 아니라 어느 정도 일관성을 위한 제어장치가 필요하다는 의미예요. 만약 부모 스스로 느끼기에도 조절할 수 없을 만큼 감정 기복이 심하다면, 스스로 통제하기 어려울 만큼 스트레스가 높은 상황이고 많은 감정이 내면에 쌓여 있을 가능성이 높아요. 그런 경우 전문가에게 상담을 받는 것도 좋은 방법입니다.

4. 몰래 사라지지 않기

부모가 불가피하게 외출해야 할 때 아이에게 제대로 인사를 하고 나가는 건 쉬운 일은 아니에요. 울며 붙잡는 아이를 뒤로 한 채 문을 닫는 것은 너무 부담스러운 일이니까요. 그렇지만 아이가 부모와 헤어질 때 불안함을 많이 느낀다면, 아이 몰래 사라지지 않는 게 좋아요.

자꾸 부모가 몰래 빠져나가게 되면 아이 입장에서는 부모가 또다시 갑자기 사라질지도 모른다는 걱정, 언제 올지 모른다는 막연함 때문에 불안이 더 증폭될 수 있고, 그럴수록 더욱 부모와의 분리에 큰 두려움을 느낄 수 있어요. 따라서 다소 부담되더라도 아이에게 부모가 잠깐 외출해야 한다는 걸 이야기하고, 언제 다시 돌아올지 말해주는 게 좋아요. 이따가 돌아와서 함께 좋은 시간을 보낼 수 있다는 기대를 주고 다시 만날 시간을 '예측'할 수 있게 해줄 수 있어요.

엄마 아빠와의 헤어짐은 슬프고 괴롭지만, 다시 재회할 것이고 반드시 약속은 지켜진다는 것을 반복 경험하게 되면 아이에게는 불안을 이기며 기다릴 수 있는 힘이 생기게 된답니다. 그 과정에서 부모에 대한 신뢰와 애착은 더욱 견고해질 테고요.

5. 퀄리티 타임

사실 아이와 시간을 많이 보낼수록 좋아요. 그러다 보니 일하는 부모들은 그러지 못하는 상황 때문에 많이 속상해하곤 해요. 아이가 너무 일찍 기관을 다니며 부모와 분리된 것, 부모가 직장을 다니느라 많은 시간을 함께해주지 못해서 불안정 애착이 형성된 것은 아닌지 불안한 거죠.

하지만 단순히 함께 보내는 시간이 많다고 해서 안정적으로 애착이 형성되는 건 아니에요. 대부분의 부모가 아이와 꽤 많은 시간을 보내지만 아이가 아닌 다른 곳을 보거나, 휴대폰을 힐끗거리거나, 딴생각을 하느라 아이에게 적절하게 반응해주지 못하는 경우도 많거든요. 큰마음을 먹고 아이와 놀이를 해도, 아이의 이야기를 듣기보다는 부모가 원하는 방식대로 아이를 유도하거나 아이의 이야기와 상관없는 질문을 더 많이 던지기도 하니까요.

아이와 많은 시간을 보내지 못해 애착이 제대로 형성되지 않았을까 봐 걱정이라면, 염려만 하기보다는 하루 5~10분의 상호 작용 시간을 꼭 확보하고 그 시간만큼은 아이가 마음껏 이야기하고 부모가 즉각적인 반응을 할 수 있도록 집중하는 시간을 가져보세요. 시간의 양은 많지 않아도 그 한계를 뛰어넘는, 신뢰가 가는 관계를 만들 수 있어요.

◇

부모의 좋은 습관

◇

육아를 하면서 부모를 여러모로 걱정시키는 것이 바로 '애착'이에요. 애착은 아이의 정서발달에 있어 정말 중요한 기초이기는 하지만, 그렇다고 해서 애착이 제대로 형성되지 않았다며 후회만 하는 건 아무 변화도 만들 수 없어요. 그러니 걱정은 빨리 털어버리고 오늘 당장 아이와의 스킨십을 늘리고, 아이에게 해줄 칭찬거리를 찾아보고, 놀이 시간을 챙겨보세요. 작은 시도가 반복되고 누적되면 이전보다 더욱 튼튼한 관계가 형성될 수 있답니다.

03
어린이집을
갑자기 거부한다면

"나 어린이집 가기 싫어!"

출근해야 하는 부모에게 이토록 무섭고 난감한 말이 또 있을까요. 힘든 돌쟁이 시절이 지난 뒤, 그보다 더 힘든 어린이집 적응 기간을 거쳐 드디어 한시름 놓고 자유 시간을 만끽하거나 혹은 안정적으로 일을 해보려고 할 때 갑자기 아이가 "어린이집 안 갈래!"라고 떼쓰기 시작하면 부모 마음은 철렁 내려앉지요. 그럴 때 부모는 이런저런 생각을 하게 되죠. '아이가 어린이집에서 학대를 당하거나 내가 모르는 문제가 생긴 것은 아닐까?' '계속 어린이집에 안 간다고 하면 어쩌지?' 온갖 걱정이 밀려오기 시작해요.

어린이집에 잘 다니던 아이가 갑자기 가기 싫다고 고집을 부리는 상황뿐만 아니라, 우리가 마주하게 되는 모든 육아 문제를 풀 때는 아래의 삼각형 구조에서 그 원인을 찾아볼 수 있어요.

아이에게 문제가 될 만한 행동이 나타나거나 변화가 발생하면, 우리는 가장 먼저 아이의 현재 환경에서 그 원인을 찾곤 해요. 하지만 그 이유를 찾기란 쉽지 않아요. 왜냐하면 아이의 행동은 단순하게 환경에만 반응한 것이 아니라 아이의 신체적·인지적·심리적 발달이나 아이의 기질적 특성, 그리고 부모와의 관계 등이 아이의 환경과 연결되어 나타난 것이니까요. 따라서 아이가 어린이집(유치원)을 가기 싫다고 하는 원인을 알려면, 어린이집이라는 환경뿐

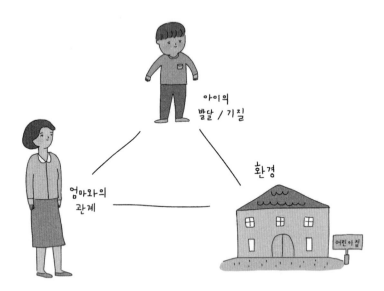

만 아니라 아이의 발달과 기질 특성, 부모와의 관계 등을 함께 고려해야 다양하게 원인을 생각해볼 수 있어요. 어떠한 원인들이 있는지 알아보고 해결책을 찾아보도록 할게요.

잘 지내다가도 다시 불안을 느끼는 시기가 있어요

아이가 어린이집에 적응해 잘 다니다가도 다시 분리되는 것을 불안해하며 거부하는 모습은 발달의 한 과정일 수 있어요.

아이는 태어나서 약 3개월까지 자신과 다른 사람, 그리고 이 세상을 정확하게 구분하지 못해요. 당연히 주양육자도 정확히 인지하지 못하죠. 시간이 지나 점차 어렴풋이 세상을 인지하게 되고 자신의 필요를 채워주는 누군가(양육자) 덕분에 세상과 스스로에 대한 신뢰감을 갖게 됩니다. 그러다가 약 6개월이 되면, 나의 필요를 채워주던 존재가 주양육자임을 깨닫고 특정 대상을 제대로 인지하게 돼요. 그래서 아이는 양육자와 분리되는 것을 불안해하고, 낯선 사람은 피하게 되지요. 우리가 이야기하는 '엄마 껌딱지' 시기도 이때부터 시작됩니다.

그리고 보통 돌 전후로 아이는 스스로 걷고 움직이게 됩니다. '주양육자(엄마)와 나'라는 범주에서 벗어나 세상의 다양한 것들을 인지하게 되고 원하면 직접 만져볼 수도 있는 독립의 시기이지요. 아이는 세상 모든 것들이 새롭고 재미있고 신이 납니다. 그래서 처음엔 낯설었던 어린이집도 막상 가보면 흥미로운 자극이 많아 즐겁게 놀고 적응하기 시작해요. 물론 아이마다 속도의 차이는 있지만, 아이는 또 다른 세상에 대한 호기심으로 인해 독립을 하게 됩니다.

재접근기라는 2차 껍딱지 시기

그런데 낯선 곳에서 씩씩하게 잘 지내다가도 부모에게 돌아가고 싶은 마음이 시시때때로 찾아오곤 해요. 세상이 재미있지만 동시에 자신의 한계를 깨닫게 되어 두려운 마음이 들고, 비빌 언덕인 양육자를 다시 간절히 찾게 되는 것이죠. 이 시기가 바로 마가렛 말러Margaret Mahler가 이야기하는 분리개별화 과정의 '재접근기'예요. 호기심과 두려움이 동시에 존재하는 갈팡질팡하는 시기라고 볼 수 있죠.

이 시기에 아이들이 좋아하는 그림책을 보면 아기 동물들이 부모와 떨어져 신나게 놀다가 느닷없이 울거나 부모에게로 돌아와 안기는 스토리를 볼 수 있어요. 용감하게 세상으로 나갔지만 두려움을 느끼고 다시 양육자에게 '재접근'하는 아이들의 심리를 잘 표현한 이야기이지요.

부모 입장에서는 아이가 오락가락하는 것 같고, '잘 적응해서 놀던 아이가 왜 갑자기 불안해하는 걸까?' 하고 걱정이 될 거예요. 그렇지만 돌 이후 3세 전 아이들의 이러한 변화는 정상적인 과정이라고 할 수 있어요.

호기심과 두려움을 동시에 느끼며 독립과 재접근을 반복하는 것은 36개월 미만 아이의 정상적인 발달 과정이지만, 종종 그 시기를 지난 아이가 즐겁게 잘 다니던 어린이집 또는 유치원을 갑자기 거부하는 경우도 있어요. 왜 그런 행동을 할까요? 여러 가지 각기 다른 이유가 있겠지만, 아이의 성향에 따라 다양한 원인을 예측해 볼 수 있어요.

원인 1. 아이가 다니는 원의 환경에 변화가 있나요?

우선은 아이의 어린이집 환경에서 바뀐 것은 없나 확인해봐야 해요. 기억해야 할 것은, 이 변화가 어른인 우리의 생각처럼 크고 대단한 게 아닐 수 있다는 거예요.

부모들은 "선생님이 바뀌거나, 선생님이 무섭게 하신 것도 아니고 큰 변화도 없는데 아이가 갑자기 그래요."라고 이야기해요. 그런데 원인을 알고 나면 아이들이 느낀 환경 변화는 사소한 것들인 경우가 많아요.

이를테면 에너지가 넘치고 다양한 자극을 좋아하는 성향의 아이라면, 문득 어린이집이 좁고 답답하게 느껴졌을 수도 있어요. 게다가 기관마다 추구하는 교육 목표가 다르기에 그 교육 방식과 아이가 선호하는 활동이 잘 안 맞을 수도 있지요.

유독 어느 면에서 발달이 빨라 또래와 차이가 나게 되는 경우, 놀이 대상인 친구들이 자신과 수준이 맞지 않아 재미가 없다고 느껴질 수도 있어요. 아이는 또래보다 더 정교하게 상상 놀이가 되는 편인데, 또래 친구들은 그렇지 않을 경우 아이는 원에서의 놀이가 재미없겠지요.

다른 사람의 감정에 민감하고 영향을 잘 받는 아이라면 시끄럽게 소리지르거나 거칠게 행동하는 친구 때문에 힘들 수 있어요. 또한 자기가 혼나는 것은 아니지만 친구가 혼이 나는 상황, 선생님이 화를 내는 상황을 자주 접하는 것이 아이에게는 스트레스가 될 수 있어요. 다른 사람의 감정을 읽고 눈치껏 행동하는 아이들이니 주변의 변화에도 스트레스를 느끼는 것이지요. 예민하거나 낯선 상황에 불안을 쉽게 느끼는 아이들은 선생님이 잠깐이라도 바뀌거나, 낯선 재료를 사용하는 수업이 많아져도, 견학이나 소풍이 잦아져도 등원을 거부할 수 있어요.

원인을 안다고 해서 즉각 해결이 되는 건 아니지만, 고민되는 행동이 아이에게 나타났을 때, 아이를 둘러싼 환경과 아이의 성향을 함께 고려할 수 있다면 문제 해결에 더 가까워질 수가 있어요.

원인 2. 아이와의 관계가 소홀해졌나요?

아이가 갑자기 등원 거부를 한다면 요즘 부모가 아이와 맺고 있는 관계가 어떤지, 아이를 너무 통제한 건 아닌지, 또는 질적으로 충만한 시간을 잘 보내고 있는지 점검해보세요. 아이는 자신이 원하는 것을 언어로 명확하게 표현하지 못해요. 특히 '나는 엄마(아빠)와 시간을 보내고 싶어' '엄마 아빠와 나의 관계가 소원해진 것 같아'와 같이 감정이나 관계에 대한 욕구를 표현하는 건 어려운 개념이에요. 그래서 부모와의 관계에서 불만족스러움을 느낄 때 아이들은 그것을 말도 안 되는 고집과 비협조, 잘 해오던 것들을 거부하는 것으로 표현하기도 한답니다.

저녁 식사 시간에 아이와 집중해서 상호 작용을 하거나 평소보다 더 많이 아이의 이야기를 들어주고 안아주고 칭찬해주는 등의 사소한 노력만으로도 아이의 등원 거부가 사라지는 경우가 많아요. 눈으로 확인할 수 있는 환경에서 아이의 등원 거부 원인을 찾을 수 없다면, 아이의 행동 이면에 있는 정서적인 욕구를 반드시 고려해봐야 해요.

원인 3. 아이도 원의 사회생활이 피곤한 건 아닐까요?

아이에게 어린이집(유치원)은 즐겁기만 한 공간이 아니에요. 지켜야 하는 규칙도 많고, 어쩔 수 없이 친구와 장난감도 나누어야 하고, 기다려야 하는 시간도 있죠. 우리가 회사 다닐 때의 모습을 생각해보세요. 주말에 푹 쉬며 하고 싶은 것들을 하고 났을 때야 비로소 주중에 반복되는 일상을 버텨낼 힘이 생기지 않나요? 이를 '충전한다'고 표현하기도 하죠.

아이들도 마찬가지예요. 원에서의 생활을 잘 견뎌내며 성장할 힘을 만들려면 아이에게도 충전 시간이 필요해요. 아이에게 충전이란, 그토록 원하던 부모와의 시간이고 하고 싶던 걸 내 마음대로 해보는 자유 놀이의 시간이지요. 그 시간이 채워져야 아이도 자신의 세계를 살아갈 힘이 생기게 된답니다. 그렇기에 아이가 갑자기 별 다른 이유 없이 등원 거부를 한다면, 아이에게 심리적 충전이 필요한 상황은 아닌지 생각해볼 필요가 있어요.

이럴 땐 아이에게 하원 후 엄마 아빠와 놀이하는 시간을 기대하게 만드는 게 큰 도움이 돼요. "오늘 집으로 돌아가면 엄마와 어떤 놀이를 할까?" 하고 말을 건네서 아이가 기대할 수 있고 기다릴 수 있도록 해주세요. 아이 마음에 어린이집에서의 시간을 견딜 수 있는 자원이 생기게 될 거예요.

시간은 걸릴 거예요. 아이가 또 다른 차원으로 성장하게 되려면 시간이 걸리는 법이지요. 하지만 다행인 것은 아이는 천천히, 꾸준히 자란다는 점이에요. 지금 아이는 여전히 어떤 것들을 힘들어하는 것 같지만, 잘 생각해보세요. 아이는 작년보다 조금씩 나아지는 중이거든요.

아이의 자라는 속도가 더디더라도, 가끔은 거꾸로 돌아가는 것 같더라도, 그러한 더딤과 후퇴가 아이에게 꼭 필요한 과정이며 아이 안에는 그것을 극복해낼 힘이 있음을 반드시 기억해주세요.

◇
부모의 좋은 습관
◇

아이가 스스로 잘하던 것을 갑자기 해달라고 하며 의존하거나, 잘 다니던 어린이집을 거부하면 부모는 덜컥 걱정이 되지요. 하지만 아이가 단번에 독립해서 세상에 나가는 것은 불가능에 가까워요. 이따금 불안과 두려움이 밀려와 떨 수 있고, 그때는 다시 돌아와 잠시 비비며 쉴 언덕도 필요하죠. 아이가 부모에게 '재접근'하는 것은 그만큼 부모가 아이에게 안전한 기지가 되어주고 있다는 증거이기도 합니다. 한 번 후퇴하고 두 번 전진하는 아이의 성장을 믿고 아이를 안아주세요.

04

무조건 부모 탓을 하는
아이 마음

제 아이가 여섯 살 때의 일이었어요. 혼자서 로봇 장난감을 가지고 놀던 아이가 로봇 팔이 빠지자 갑자기 "엄마 나빠! 엄마 미워!"라고 말하며 막무가내로 화를 내기 시작했어요. 처음 있는 일이 아니어서 "그랬구나. 같이 고쳐보자."라고 아이를 달랬어요. 그러나 아이는 "엄마 때문이야! 엄마 싫어!"라며 짜증을 심하게 내기 시작했어요.

그때 저는 일 때문에 피곤하기도 하고 스트레스에 시달리고 있었어요. 그래서 저도 모르게 "네가 망가트리고 왜 엄마 탓을 해!"라고 아이에게 버럭 소리를 지르고 같이 엉엉 울어버리고 말았지요. 힘들지만 엄마로서 최선을 다하고 있는 시기였는데, 아이가 제 탓을 하자 그만 감정이 폭발해버리고 만 거죠.

저와 우리 아이에게만 이런 경험이 있는 건 아닐 거예요. 아이들은 왜 엄마 아빠에게 자신의 불쾌한 감정을 쏟아내는 걸까요? 그 이유를 안다고 해도 매번 넓은 마음으로 아이를 끌어안을 수는 없겠죠. 하지만 그 행동의 이유를 이해한다면 조금 더 너그러워질 수는 있을 거예요.

어른은 좋은 마음과 나쁜 마음을 동시에 품을 수 있어요

영국의 정신분석학자 멜라니 클라인Melanie Klein은 아이가 감당할 수 없는 부정적인 감정을 만만한 부모 탓을 하며 감정을 쏟아내는 모습에 대해, 모든 아이들이 거치는 정상적인 발달 과정이라고 했어요. 아이는 왜 부정적인 감정을 감당할 수 없고, 그로 인해 부모에게 무례하게 행동하는 걸까요?

어른인 부모는 어떠한 대상을 마주할 때, 좋은 마음과 나쁜 마음을 동시에 가질 수 있어요. 이를 테면 어떤 사람은 '착하고 성실한 사람이라 좋지만, 때론 답답하고 짜증이 나'라고 생각할 수 있어요. 또 까칠하고 인간미가 없어 싫어하는 사람이라 해도 '철두철미하게 일은 잘해'라고 생각할 수 있고요.

이처럼 우리는 동일한 대상에게 좋은 마음과 나쁜 마음을 동시에 가질 수 있고, 이를 종합해 '좀 까칠하지만 전반적으로 참 좋은 사람이야'처럼 최종 결정을 내릴 수 있어요. 감정에 대해서도 마찬가지예요. 기분이 좋다가도 나빠질 수 있기에 그러한 감정이 생기면, 어떻게든 그것을 해결하기 위해 어른들은 노력해요.

아이는 좋은 마음과 나쁜 마음을 동시에 품을 수 없어요

하지만 영유아 시기의 아이들은 좋은 것과 나쁜 것을 동시에 마음에 담을 수 없어요. 신나고 즐겁게 놀고 있던 중 로봇 팔이 빠져버리면 속상한 마음과 분노를 자연스럽게 처리할 수 없는 거죠. 그래서 우선은 그 감정을 다른 곳으로 밀어내려고 해요. 내가 감당할 수 없는 감정을 밖으로 버려야 내 마음 속의 좋은 것들이 위협받지 않고 지켜질 테니까요.

아이 입장에서는 이 위험하고 나쁜 것을 가장 빠르게 던져버릴 수 있는 대상, 이것을 나 대신 처리해줄 수 있는 안정적인 대상이 바로 나를 보살펴주는 부모예요. 그래서 '불편한 마음, 싫은 마음, 짜증나는 마음을 엄마나 아빠에게 보내면 나는 안전해지겠지?'라는 생각으로 감정을 배설해버립니다. "이건 엄마 때문이야." "엄마

나빠!" "아빠하고 안 놀아." "아빠 미워!"라고 하면서 말이죠.

'자기가 싫다고 이걸 엄마에게 넘겨?' 아이의 감정 표현이 좀 무례하게 느껴지기도 해요. 그런데 아이들의 무례함은 당연한 과정이에요. 또한 이 행동은 진짜로 엄마나 아빠가 밉거나 싫어서 하는 행동도 아니에요. 그저 이 나쁜 감정을 처리해줄 수 있는 '거름망'과 같은 부모에게 감정을 맡기려는 의도인 거죠.

아이에게 나쁜 감정을 되돌려준다면?

아이는 부모에게 감정을 맡길 때, 부모가 이 감정을 어느 정도

씹어서 소화하기 좋게 만들어 넘겨주기를 기대해요. 그런데 만약 "넘어진 건 네 잘못인데 왜 남 탓을 하며 우니?"라고 비난하며 아이가 감당할 수 없는 감정으로 돌려준다면 어떨까요? 아마도 아이는 이런 감정들이 생겨 압도당해버릴 거예요.

'이 어마어마한 것을 아무도 받아주지 않아' – 절망
'더 커져버린 나쁜 감정을 어찌해야 하지?' – 불안감
'엄마 아빠가 나를 버리면 어떡하지?' – 두려움

조그마한 감정을 보냈는데 더 크고 나쁜 감정으로 돌아오는 절망감을 아직 어린아이가 감당할 수 있을까요? 이러한 경험이 반복되면 아이는 자신이 감정을 감당할 수 없다는 무력감과 동시에 이 위험한 감정을 맡길 곳이 없다는 절망감을 느끼게 돼요. 그리고 마침내 더 이상 부모에게 감정을 표현하거나 공유하지 않고 마음의 문을 닫아버릴 수도 있지요.

겉으로는 의연하고 괜찮아 보일 수 있지만 아이의 마음에는 늘 한계가 있으니 두려움에 압도되어 살 수 있어요. 오히려 이렇게 된 거 더욱 제멋대로 행동하려 할 수도 있고요. 또한 한 번 마음의 문을 닫아버리면 다시 그 문을 열기란 정말 어렵지요.

아이가 남 탓을 할 때 어떻게 대응하면 좋을까요?

아이의 행동에 대한 원인을 알았지만, 그렇다고 그 행동을 늘 좋게 받아줄 수는 없어요. 그럼에도 불구하고 아이가 부정적인 감정을 아직 처리하기 미숙하다고 생각해본다면, 적어도 '아이가 나를 미워하나?'라든가 '아이가 왜 이렇게 버릇이 없고 무례하지?'라는 생각 때문에 화가 나는 마음은 다스릴 수 있어요.

1. 악당을 물리치는 놀이를 제지하지 마세요

아이들의 놀이를 보고 있으면 악당이 등장하고 그것을 물리치거나 약한 사람을 구하는 이야기가 자주 등장해요. 나쁜 것과 좋은 것을 나누어 싸우는 놀이는, 아이가 자기 마음속에 있는 복잡하고 나쁜 감정들을 해결하려는 노력이에요. 아이가 자기주도적으로 놀이를 시작하고 이야기를 전개해나가도록 지지해주어야, 아이는 놀이를 통해 마음 안에 있는 심리적인 긴장과 갈등을 건강하게 해결할 수 있어요.

물론 아이들이 싸우는 놀이를 하는 걸 보고 있으면 아이가 너무 공격적이 되는 건 아닌가 걱정이 될 때가 있어요. 또한 아이가 과도하게 흥분해서 정말로 사람을 때리는 등 경계를 넘게 되면 개입이 필요하기도 하죠. 그래서 놀이가 시작되기 전에 선을 명확하게 그어주는 것이 중요해요.

하지만 보통의 경우 놀이 안에서 아이가 악당을 무찌르고 공격하며 영웅이 되는 스토리를 너무 걱정하지 않아도 됩니다. 왜냐하면 이런 놀이는 모든 아이들이 자신의 공격성을 풀어내는 일반적인 모습이고, 아이의 놀이 안에서 싸움은 끝이 나고 죽거나 다친 장난감들도 다시 살아나는 것으로 그려지니까요. 완전히 죽는 게 아니라 놀이 안에서 다시 회복되는 과정이 포함되어 있는 것이죠. 따라서 남을 다치게 하거나 위험한 행동은 못 하도록 명확한 규칙은 정해두되, 아이의 싸우고 공격하는 놀이를 너무 불편해하지는 마세요. 부모는 그저 아이의 놀이가 자신의 감정을 스스로 해결하는 과정임을 믿고 지켜봐주는 것이 중요해요.

2. 부모를 탓해도 아이를 따뜻하게 품어주세요

아이가 "엄마 미워!" "아빠 나빠!" "엄마 때문이야!"라고 나쁜 감정을 죄다 부모에게 던질 때, 어떻게 반응해야 할지 고민이 될 거예요.

첫째, 아이가 뱉은 감정을 대신 정화해줘야 해요. 즉 아이가 내뱉은 감정을 바로 받아쳐서 되돌려주지만 않으면 돼요. "그 정도로 화가 났어?" "엄마 탓을 하고 싶을 정도로 속상했구나!" 정도로 이야기하면 충분해요. 아이가 "엄마 미워! 나빠!"라고 하는 말에 바로 반응하기보다는 그 너머에 있는 아이의 진짜 마음을 읽어주는 것이지요.

아이가 만드는 방어를 뚫고 넘어가 감정을 표현하는 방식을 가르치기 위해서는, 우선 누군가가 마음을 한 번 수용해주어야 느슨한 공간이 생겨요. 아이의 응석을 받아주거나 아이가 모두 옳다고 해주라는 의미가 아니라 있는 그대로 '그 정도로 화났구나'라고 인정해주는 거죠. 그 정도의 수용을 해줘야 아이에게 그 다음을 이야기할 수 있는 심리적 여유가 생길 테니까요.

그 과정이 어느 정도 쌓였다면, 특히 4~7세 정도의 아이라면 감정을 표현하는 방식에 대해 이야기할 수 있어요.

"'장난감이 망가져서 속상해'라고 말하면 엄마도 네 마음을 충분히 알 수 있어." - 말하는 방식의 수정
"네가 엄마 때문이라고 하니 엄마도 속상해." - 상대방이 느끼는 감정 이해

초등학교 전까지 아이들의 감정은 매일매일 새로운 퍼즐을 맞추는 것과 같아요. 아이는 아직 한 번도 맞춰보지 못한 퍼즐을 한 조각 한 조각 매일 맞춰나가는 중인 거죠. 처음이라 낯설고 잘 모르는 게 당연해요. 여기저기 끼워보다가 잘 안 되면 흐트러트리고

처음부터 시작해야 할 수도 있고요.

아이의 감정도 마찬가지예요. 아이도 아직 낯설고 잘 모르는 자신의 감정들이기에 시행착오가 있고 누군가의 도움도 필요해요. 하지만 이 과정을 통해 아이는 자신의 감정을 잘 처리하는 방식을 배울 수 있게 된답니다.

◇

부모의 좋은 습관

◇

외부에서 침입한 세균을 잘 이겨내기 위해서는 몸 안에 면역력이 있어야 해요. 그런데 아이는 외부로부터 오는 당황스럽고 어려운 감정들을 이겨낼 자원이 아직 없는 상태랍니다. 아이의 무례함에 당연히 화가 날 수 있지만, 아이가 내던지는 감정을 아주 잠깐만 맡아주세요. 그리고 아이가 어려운 감정을 잘 소화시킬 수 있게 잘근잘근 씹어서 넣어준다는 마음으로 감정에 대해 가르쳐주세요. 아이가 감정을 처리할 수 있는 힘이 점점 건강하게 자랄 거예요.

05

아이의 공격적인 행동
해석하기

부모들의 흔한 고민 중 하나는 바로 아이의 '공격성'이에요. 무언가가 갖고 싶거나 하고 싶을 때 친구의 것을 무작정 빼앗기도 하고, 장난감을 뺏기면 일단 친구를 때리는 아이들도 많지요. 같이 놀다가 친구를 깨물고 소리를 지르고 꼬집거나 할퀴는 행동을 보일 때도 있어요. 때로는 정말 화가 나서 친구를 밀어버리는 공격성을 보이기도 하고, 웃으면서 친구를 때리는 아이들도 있지요.

최대한 훈육을 안 하려고 해도 공격적인 행동 앞에서는 어떤 부모라도 고민하게 돼요. 공격성은 스스로에게도 좋지 않고, 다른 사람들에게도 상처를 입히는 행동이니까요. 아이의 공격성, 어떻게 이해해야 할까요?

아이의 공격성 또는 무례함은 자연스러운 거예요

우리는 사실 문화적 상황 때문에 공격성을 더 불편하게 여기는 경향이 있어요. 하지만 2부에서 다룬 정신분석학자 중 프로이트는 아이는 태어날 때 리비도와 더불어 공격성을 함께 가지고 태어난다고 했어요. 즉 인간에게 공격성이란 본능이자 에너지의 원동력인 것이지요.

또 비슷한 맥락에서 소아과 의사이자 아동정신분석가인 도널드 위니콧Donald Winnicott은 '무례함'으로 여겨지는 공격성을 보이는 자연스러운 시기가 있다고 했어요. 세 돌 이전의 아이들이 장난을 치거나 너무 신이 날 때 어른을 할퀴거나 꼬집으며 공격적인 행동을 하는 모습을 이러한 '무례함'으로 설명할 수 있는 것이지요.

어른들은 아이의 공격성을 문제 행동으로 인식하지만, 실은 살아가는 데 필요한 역동적인 에너지가 공격성에서 나와요. 그러나 이 공격성을 너무 밖으로 표출하면 과도하게 공격적이 되고, 안으로 숨기면 자신을 공격하는 우울감이 되지요. 아이의 공격성을 무조건 막거나 표현하지 못하게 하면 아이의 마음은 답답해지고 순환이 되지 않아요. 따라서 공격성이 잘못된 것이 아니라, 공격성을 잘 표현하는 방식을 배워야 하는 거죠.

마음을 말로 표현하지 못할 때도 공격성이 나타나요

아이들은 갖고 싶은 것, 하고 싶은 것이 있고, 또 속상하고 억울할 때도 있어요. 언어로 표현하면 감정 조절에 도움이 되는데, 아이들은 현재 마음이나 자신이 원하는 것을 언어로 표현하는 것에 미숙하지요.

특히 이제 막 돌을 지난 아기들부터 세 돌 이전까지 아이의 경우 스스로 걸어 다닐 수 있게 되고 세상을 혼자 탐험하게 되어 욕구는 많아지는데 그것을 표현할 방법은 여전히 부족해요. 다른 친구의 공격에 방어할 방법도 없고요. 그래서 자신도 모르게 먼저 손이 나가게 되는 거지요.

아이가 세 돌이 넘어 말을 잘하는 듯 보여도, 여전히 추상적인 자신의 감정을 구체적으로 표현하기란 어려워요. 감정, 욕구, 생각 등은 여전히 표현하기 어려운 개념들이고, 아이들의 사고는 자기중심적이고 논리적이지 못하니까요. 특히 신체발달이 빠른 아이들은 언어 표현보다 몸을 쓰는 것이 더 자연스럽고 편하니 공격성으로 감정을 표현하기가 쉽죠.

욕구가 좌절될 때도 공격성이 나타나요

공격성은 욕구가 좌절된 결과라고 볼 수 있어요. 충분한 만족을 얻지 못했을 때, 배고프거나 졸릴 때, 혹은 원하는 만큼 부모에게 사랑과 관심을 받지 못했다고 느낄 때, 하고 싶은 것을 충분히 하지 못했을 때 오는 좌절감이 아이의 마음에 공격성을 만들어내게 됩니다.

특히 기질적으로 새로운 자극을 좋아하고 호기심이 많으며 적극적인 아이들이 있어요. 이런 아이들은 무언가를 하고 싶은 욕구가 다른 친구들보다 많아요. 그래서 자신이 원하는 것을 취하거나 방어하기 위해서 더욱 공격적인 행동을 하기도 하고, 자신의 욕구가 채워지지 못하면 공격성으로 그것을 표현할 수도 있어요.

두려울 때 나타나는 공격성도 있어요

강력하게 발산하는 형태의 공격성만 있는 게 아니에요. 자신을 보호하기 위해, 혹은 반복되는 위험에서 스스로를 지키기 위한 공격성도 있어요.

이를 테면 한 아이가 자신의 장난감을 가지고 놀고 있는데 평소에 다른 친구의 장난감을 잘 뺏는 친구가 다가온다면 어떨까요? 아이는 순간적으로 자신의 것을 뺏길지도 모른다는 두려움이 생깁니다. 이럴 때 친구를 밀거나 때리는 등의 공격적인 행동을 하기도 해요.

이처럼 아이가 자신의 두려움 때문에 반사적으로 공격적인 행동을 보인다면 아이의 공격성을 훈육하기 전에, 아이의 두려운 감정을 먼저 보듬어줘야 해요. 아이가 느낀 감정은 미뤄두고, 아이의 공격적인 행동만 혼내게 되면 그 행동의 원인은 해결되지 않으니까요. 공격성 이면에 있는 아이의 두려움을 없애주면 자연스레 아이의 공격성이 잦아드는 경우도 있거든요.

즉, 아이가 공격성을 보일 때 무조건 혼부터 내거나 행동을 즉각 차단하는 것은 아이의 다양한 감정을 다루는 데 효과적이지 못해요. 기본적으로 공격성은 아이의 발달 과정상 매우 자연스러운 현상이니 그 공격성이 아이의 욕구가 좌절되어 나타난 반응은 아닌지, 또는 아이가 두려움으로 인해 방어하는 행동을 한 것은 아닌지, 그 원인을 다양하게 살펴보고 대응해야만 해요.

아이가 공격성을 보일 때 어떻게 해야 할까요?

1. 나 자신과 타인을 아프게 하는 공격성은 제재해요

우선 아이의 행동이 잘못된 것이 아니고 자연스러운 발달 과정 중 하나라고 알고 있는 것이 중요해요. 하지만 아이의 공격적인 행동이 다른 사람이나 자신을 아프게 한다면, 그 행동 자체가 옳지 않다는 건 알려줘야 해요.

특히 3세 이전의 아이들이 공격적인 행동을 할 때는 너무 엄하게 훈육하기보다는, 그 행동이 옳지 않다는 메시지를 전달해야 해요. 아이가 자신의 욕구에 대한 좌절로 인해, 자신의 것을 지키기 위해 공격적인 행동을 했을 때 이렇게 말해줄 수 있어요.

"친구가 장난감을 가져가면 화가 나는 건 맞지만, 그렇다고 친구를 때리면 안 되는 거야." – 감정 수용, 행동 제재

아이의 화난 감정은 인정해주지만 행동에 대해서는 옳지 않다고 이야기해줄 수 있어요. 여기에 더해 "장난감을 다시 돌려받고 싶으면 친구를 때리지 말고 '돌려줘! 내 거야'라고 말하자." "친구가 돌려주지 않으면 엄마나 선생님을 부르는 거야."와 같이 해야 할 말을 가르쳐주거나 보다 친사회적인 방식으로 표현할 수 있도록 지도해주면 더욱 좋아요.

만약 아이의 공격적인 행동을 훈육하기로 결정했다면, 훈육의 효과를 위해 공격적인 행동을 제외한 다른 행동은 과하게 훈육하거나 통제하지 않도록 완급 조절을 하는 게 좋아요. 그래야 공격성에 대한 메시지가 아이에게 정확하게 닿을 뿐만 아니라, 길어진 훈육 시간으로 인해 아이와의 관계가 망가지는 걸 방지할 수 있어요.

2. 아이가 장난으로 때려도 웃으면서 훈육하지 말아요

아이가 공격적인 의도 없이 장난처럼 하는 행동의 경우, 특히 세 돌 이전의 어린아이인 경우, 아이의 무례한 행동이 상대에게 미치는 영향을 이야기해주어야 해요. 당장은 타인의 입장이나 감정을 전부 예측하고 이해하지는 못하지만, 적어도 나의 행동에 대한 타

인의 반응을 통해 자신의 공격성을 조절할 수 있게 되거든요.

이때 부모들이 놓치는 실수가 있어요. 아이에게 "안 돼, 아니야." 라고 말하면서 웃고 있거나, 아이가 공격성을 보였던 에피소드를 다른 사람에게 전달하면서 재미있는 일처럼 말하는 거예요.

아이에게 옳지 않은 행동이라고 이야기하면서도 정작 재미있는 일처럼 대하면 아이에게 이중 메시지를 주는 거예요. 이 경우 아이는 자신의 행동이 옳은 건지 그른 건지 헷갈립니다. 또한 자신의 행동에 대한 영향도 깨닫지 못하고요. 그렇게 되면 아이가 공격성을 조절하기 어렵겠지요.

3. 놀이 중에 보이는 발산적인 공격성은 수용해주세요

종종 아이가 장난감끼리 싸우고 부수는 행동을 하며 놀 때가 있어요. 단지 놀이일 뿐인데도 많은 부모들이 그 모습을 불편하게 느껴요. 그래서 "그렇게 하면 장난감이 아파." "우리 사이좋게 지낼까?"라며 은근히, 혹은 "장난감을 때리면 안 돼요."처럼 직접적인 방식으로 공격적인 놀이를 자제시키지요.

하지만 아이의 공격성이 건강하게 해소되고 더 심한 행동으로 폭발하지 않게 도와주고 싶다면, 아이가 놀이에서 표출하는 공격성은 되도록 수용해주는 것이 좋아요. 왜냐하면 아이가 보이는 공격성은 위험한 것이 아니라 본능이고, 아이는 이 공격성을 건강하

게 풀 곳이 필요하기 때문이에요. 그리고 부모도 허용하기 좋고 아이 또한 안전하게 느낄 수 있는 좋은 환경이 바로 '놀이'니까요. 놀이에서는 누군가를 죽이기도 하고, 전쟁을 하거나 서로 잡아먹으면서 공격성을 표현해도 괜찮아요.

만약 놀이에서도 아이의 공격성이 표출되지 않으면, 해소하지 못한 공격성, 표현하고 싶은데 좌절된 공격성이 일상에서 더 두드러지게 나올 수밖에 없어요. 공룡이나 로봇끼리 죽이고 싸우는 것, 내가 주인공인 인형만 돋보이는 것, 블록을 쌓아 무너트리고 부수는 것 등의 놀이는 아이의 건강한 공격성의 모습이라고 볼 수 있어요.

스펀지 칼이나, 종이 블록, 펀치 등 분노를 안전하게 표현할 수 있는 장난감을 아이에게 주는 것도 좋아요. 물론 놀이를 시작할 때 공격성이 과해지지 않도록 미리 약속을 정하고 주지시키거나, 놀이 중 과도하게 흥분하거나 주변 사람에게 공격적인 행동을 할 때는 부모가 손으로 엑스표를 표시하며 "잠깐"이라고 외치고, 놀이를 중단시킬 수 있어요.

"놀이에서는 되지만 놀이가 아닐 때는 안 돼." "사람에게는 하면 안 돼." "여기에서만 할 수 있어." "이거는 마음대로 해도 괜찮아." 와 같은 경계선을 아이에게 분명히 전달하는 것도 중요해요. 하지만 기본적으로 놀이에서만큼은 공격성이 건강하게 해소될 수 있게 도와주는 것이 중요하다는 점을 꼭 기억하세요.

◇

부모의 좋은 습관

◇

공격성은 나쁜 것이 아니지만 아이에게는 아직 조절할 수 있는 능력이 없기 때문에, 공격성이 허용되는 상황과 안 되는 상황을 명확하게 구분해주는 것이 좋아요. 아이가 신나게 놀이를 하던 중이라도 너무 흥분해서 과격해지거나 타인을 아프게 한다면, 놀이를 잠시 중단시키고 손으로 엑스표를 만들어서 '이 이상은 허용 안 됨'을 명확하게 전달해주어야 해요. 이때는 놀이가 끝나버릴 정도로 심하고 길게 훈육하기보다는, 정확하게 주지시킨 뒤 자연스럽게 그 다음 놀이로 연결해 놀 수 있게 해주면 좋아요.

06
특정 물건에
집착하는 아이

저희 집에는 여섯 살이 된 인형이 있어요. 아이가 어릴 때부터 좋아하던 인형인데 일곱 살이 된 지금도 버리지 못하고 있지요. 지금은 늘 가지고 다니지는 않지만, 여전히 아이는 이 인형부터 찾고 할머니 집에서 잘 때는 꼭 챙겨가곤 해요.

아이가 인형이나 이불 등 특정 물건에 집착하는 것도 아이를 키우면서 힘든 일 중 하나죠. 물건을 버리지도, 새것으로 바꾸지도 못하게 하고, 심지어 빨지도 못하게 할 때도 있어요. 꼬질꼬질한 인형이나 이불을 어디나 끌고 다니는 것을 보면 아이의 마음을 이해해줘야 한다는 것을 잘 알면서도 한숨이 나오기도 해요. 도대체 언제까지 저럴까 싶은 생각이 들면서요.

그래도 아이가 애착을 보이는 것이 인형이나 이불 같은 물건이라면 그나마 괜찮아요. 문제는 아이가 원하는 것이 부모의 머리카락이나 팔꿈치 같은 신체일 경우입니다. 이럴 경우 부모들은 보통 퀭한 표정으로 하소연을 해요! 아이가 부모의 신체 일부를 만지거나 꼭 잡고 자곤 하니, 부모가 잠을 제대로 못 자고 체력적으로 힘들 수밖에 없겠죠.

제가 만난 분 중에는 아이가 엄마 머리카락을 하도 잡고 자서 부분 탈모로 고민이라는 분도 있었어요. 하지만 머리카락을 다른 것으로 대체하려는 시도는 번번이 실패하는 경우가 많고 결국 애착 물건 바꾸기를 포기하고 말죠.

아이가 물건이나 부모의 신체 일부에 깊이 집착하는 것 같다고 느낄 때, 부모들은 '혹시 아이가 심리가 불안정하여 그러는 건 아닐까?' 하고 불안해해요. 아무래도 아이의 불안이 밖으로 표출되고 있다는 걱정도 들고, 지나가며 괜히 한마디씩 하는 어른들의 이야기가 부모의 불안함을 더 자극하기도 하고요.

현재 아이의 발달 과정에서 아이 스스로 신체를 움직여 독립적으로 탐색은 하지만, 여전히 정서적으로는 완전히 독립되지 않았기에 아이는 불안해하는 게 맞고 그게 잘못된 건 아니에요.

아이는 서서히 자신을 세상에서 분리해갑니다

이 발달 과정을 헝가리 출신의 심리학자 마가렛 말러는 아이가 자신과 세상을 전혀 구분하지 못하던 상태에서 점점 자신을 개별적인 존재로 분리하는 '분리개별화' 과정으로 설명했어요.

처음 세상에 태어난 아이는 일종의 '정상적인 자폐기'로 자기와 밖을 명확하게 구분하지 못하는 몽롱한 시기를 보내요. 그러다 점점 누군가가 나를 배부르게 해주고, 기저귀를 갈아주고, 안아준다는 것을 인지하면서 외부 세계를 인지하게 되죠. 그 필요를 채워준 사람이 '주양육자'라는 것을 인지하는 6~8개월 무렵까지 아이는 부모와 심리적으로 한 덩어리와 같은 상태라고 볼 수 있어요.

그리고 나의 필요를 채워주던 명확한 대상을 인지하게 되기에 이때부터 주양육자로부터 분리되는 것에 두려움을 느끼면서 일종의 '엄마 껌딱지' 기간이 찾아오게 되는 거죠. 이 시기가 지나 8개월 이후부터 아이는 스스로 움직이고 탐색할 수 있는 신체적 능력까지 갖추어 거침없이 세상으로 나가게 됩니다.

그런데 아이는 곧 세상이 만만치 않다는 것을 느끼게 돼요. 자기 생각처럼 움직여지지 않아 좌절하고, 그래서 떼를 쓰며 고집을 부리거나 다시 주양육자에게 찾아와 위로를 받으려고 해요. 세상을 향한 호기심과 설렘, 두려움과 기대고 싶은 마음이 동시에 일어나는 이 시기를 '재접근기'라고 해요.

보통 이 시기는 3세 전까지로, 많은 부모들이 가장 힘들어하는 시기예요. 이 시기에는 대부분의 아이가 어린이집을 가게 되거나 동생이 생기는 등의 큰 변화가 생겨 부모는 나름대로 아이에게 의젓한 모습을 기대하게 되는데, 아이가 시시때때로 불안정한 모습을 보이니 스트레스가 클 수밖에 없어요.

마가렛 말러는 아이의 이 시기를 '공황상태'라고 표현하기도 했어요. 그만큼 아이가 느끼는 불안감이 압도적이라는 의미겠지요. 아이의 마음 안에 주양육자가 안정적으로 자리 잡는 항상성object constancy이 생기고, 자기self가 자리 잡아 심리적으로 재탄생하는 시기까지 부모와 아이는 이 불안과 두려움을 함께 넘어가야만 해요.

아이의 마음이 요동쳐 보여도 크게 동요하지 마세요

이 시기를 잘 넘기기 위해 필요한 것은, 아이의 불안정한 모습에 크게 동요하지 않는 것이에요. '혹시 애착에 문제가 있는 걸까, 부모인 내가 뭘 잘못한 걸까' 걱정하며 부모가 더 불안한 모습으로 반응하거나 다그치기보다는, 그저 이 시기가 지나갈 때까지 부모는 항상 아이의 곁에 있고, 너를 도와줄 수 있으며, 언제든 필요하면 다시 부모에게 올 수 있다고 아이에게 이야기해주어야 해요.

불안과 확인, 안도를 반복하는 과정인 이 시기가 지나갈 때까지, 언제든 돌아올 수 있는 캥거루의 주머니처럼 부모가 그 자리에 있어주는 것이 가장 중요해요. 아이마다 조금씩 차이는 있지만 보통 3세를 기점으로 한결 나아지게 되니까요.

애착 대상은 부모와 나를 이어주는 끈이에요

앞서 설명했듯이 모든 아이들에게 있어 세상으로 나가는 독립은 어렵고 두려운 일이에요. 그래서 그 과도기에서 오는 고통을 최소화하고자 아이도 스스로 노력을 합니다. 애착 대상인 주양육자가 늘 내 옆에 있는 게 아니기 때문에, 그럴듯한 무언가를 부모와 나 사이에 두고, 애착 대상의 역할을 잠시 맡기기도 하지요.

도널드 위니콧은 이를 중간 대상Transitional Object이라고 했어요. 중간 대상은 아이가 애착 대상과 심리적으로 분리되는 과정에서 사용하는 부드러운 물건 등으로, 애착 대상을 생각나게 하는 고유한 냄새나 느낌을 가지고 있어요. 즉 이것은 애착 대상의 부재에서 오는 충격을 완화시켜주고, 아이의 독립에 안정감을 주는 역할을 하는 거죠. 이 중간 대상은 인형이나 이불, 베개가 될 수도 있고, 부모의 팔꿈치나 머리카락 등 신체 일부가 되기도 해요. 부모로서는 고민스럽거나 불편한 일임이 분명하지만 아이에게는 낯선 곳에서의 수면이나 부모와의 분리 같은 스트레스 상황에서 불안한 마음을 달래주는 위안이 되는 물건인 것이죠.

아이들의 기질에 따라 이러한 습관이 오래 지속되기도 하지만 보통은 학교에 갈 무렵에는 인지와 정서가 발달해 점점 자신의 불안함을 다룰 힘이 생기게 돼요. 그러면 중간 대상에 대한 집착은 점차 줄어들게 되죠.

아이가 재접근기를 차츰 벗어날 수 있게 기다려주세요

3세 무렵까지는 전형적인 재접근기 시기이므로 아이의 불안을 나무라지 말고, 중간 대상에 대한 아이와의 애착을 억지로 끊기보다는 수용해주는 게 좋아요. 이것 또한 아이에게는 성장을 위한 고군분투의 시간이며 과도기니까요.

그 이후 부모의 신체를 대신할 물건을 찾아보거나, 혹은 애착 인형을 어린이집에 가져가서 가방에 넣어두는 방식으로 조금씩, 분리를 시도해보는 게 좋아요. 새롭고 낯선 환경에 불안과 두려움을 많이 느끼는 성향의 아이라면, 이 시간이 더 길어질 수 있다는 것을 기억해야 해요. 이렇게 아이의 마음이 수용되는 과정에서 아이의 마음이 독립하게 된다는 것을 믿는 게 가장 중요하지요.

◇

부모의 좋은 습관

◇

아이의 미성숙한 모습은 부모를 초조하고 불안하게 만들지만 아이는 생각보다 훨씬 복잡한 과정과 노력을 통해 부모로부터 심리적으로 독립해나간다는 것을 기억해주세요. 시간차는 있지만 중간 대상 없이도 스스로 안정감을 찾고 견뎌낼 수 있는 시기가 반드시 올 거예요.

07

1등을 고집하는
아이의 마음속

1등을 못 하면 화를 내고, 무조건 내가 최고여야 하고, 내가 원하는 대로 해야 하고, 만약 그게 안 되면 떼굴떼굴 구르면서 고집을 부리는 시기가 모든 아이에게 있어요. 내 위에 아무도 없다는 듯 아이의 심한 잘난 척과 승부욕이 폭발하는 이 시기는 엄마 아빠에게 찾아오는 '육아의 위기'이지요.

'말도 안 되는 아이의 고집을 받아줄까' 싶은 마음도 들지만 한편으로는 '계속 제멋대로면 어떻게 하지?'라는 생각에 부모도 자꾸만 갈팡질팡하게 되지요. 이러한 아이의 고집, 승부욕을 어떻게 다뤄야 할까요?

누구나 내가 제일 잘났다고 생각하는 시기가 있어요

2부에서 이야기한 것처럼, 유아기에는 잘난 척하는 기간이 있어요. 3~6세 남근기 무렵에 나타나는 '정상적인 나르시시즘' 시기이지요. 이때 아이들은 자기가 제일 잘났고, 자기가 뭐든지 잘해야 한다고 생각해요. 우리의 사회문화적 분위기와, 부모의 입장에서는 너무나 불편한 시기지만, 누구나 거치는 보통의 발달 과정이에요.

부모가 억지로 이러한 아이의 잘난 척을 자제시키지 않아도 5~6세를 지나게 되면 아이는 감정의 내리막길을 걷기 시작해요. 내가 최고가 아니며, 부모를 이길 수 없고, 세상에는 내가 모르는 게 많다는 것을 알게 되면서 본격적인 좌절을 맞보기 시작하죠. 어쩌면 아이가 마음껏 잘난 척하며 승부욕을 보이는 이 시기는 아이의 인생에서 마지막으로 완벽하게 잘난 시간일지도 몰라요. 언젠가는 좌절을 겪어야 하고, 부모가 억지로 그 시기를 당기지 않아도 반드시 찾아오니까요.

미국의 정신분석학자 하인츠 코헛Heinz Kohut은 아이들은 적절한 좌절감을 통해 성장한다고 보았어요. 하지만 이 좌절로 인해 아이의 마음이 부서지는 부작용이 일어나지 않게 하기 위해 전제되어야 하는 건 부모의 사랑과 공감이라고 강조했지요.

아이가 자랄 때는 나르시시즘(잘난 척)도 필요하고 적절한 좌절도 필요해요. 그렇기에 우선은 정상적인 발달 과정 중에 보이는 잘난 척에 부모가 공감하며 넘어가주는 것이 좋아요. 특히 아이가 어릴수록 이런 마음을 잘 수용해주는 것이 필요하죠. 이것은 아이의 마음을 심하게 높여주라는 의미가 아니에요.

"다른 친구들보다 무조건 네가 최고야." 같은 비교나, 아이가 요구하지 않는 상황에서 먼저 "네가 최고야!"라고 높여줄 필요는 없어요. 그저 아이가 최고이고 싶고, 인정받고 싶은 욕구를 드러낼 때, 비난하지 말고 수용해주면 되죠.

"그래, 그래. 최고지! 정말 멋져." - 인정
"네가 제일 잘하고 싶어서 화가 났구나?" - 공감과 수용

어차피 부모가 이렇게 말한다고 해도 모든 순간 아이가 최고가 되고, 1등이 되며, 원하는 대로 되지는 않아요. 자신이 지배할 수 없는 환경이 더 많기 때문에 아이는 자연스럽게 친구나 형 또는 언니에게 밀리기도 하고 지기도 할 수밖에 없지요.

그럴 때 오는 좌절감을 아이는 격렬하게 저항하고 속상해할 테지만, 아이가 자신의 잘난 척을 부모에게 인정받은 적이 있고, 이 좌절 역시 공감하며 함께 견뎌주는 부모가 있다면 다음 단계로 잘 성장할 수 있답니다.

이기는 것에 대한 부모의 태도를 변화시켜요

1단계: 무언가 이기는 것을 과도하게 칭찬하고 있다면

그럼에도 불구하고 아이의 지나친 승부욕이 걱정된다면 부모가 점검해보아야 할 부분이 있어요. 바로 '이기는 일이나 1등에 대해 아이가 어떻게 인지하고 있는가'예요.

간혹 아이의 승부욕이 걱정된다는 부모와 아이의 놀이를 보면서 상호 작용을 분석하다 보면, 걱정된다고 하는 모습을 부모가 똑같이 보여주는 경우가 있어요.

예를 들면 아이와 놀이를 하다가 조금만 경쟁이 붙으면 부모가 먼저 흥분해버리거나, "아까 네가 더 빨리 출발한 것 같은데?"라고 하면서 승패를 따지는 것, "아이~ 아깝다. 이길 수 있었는데!" 하며 부모가 진 상황을 과하게 아쉬워하는 모습 등이 그것이지요.

매번 1등을 해야 하고, 그렇지 못했을 때 좌절을 견디지 못하는 아이의 마음을 자세히 들여다보면 '반드시 이겨야 좋은 것', '가장 먼저 하는 것이 1등'이라는 생각이 강하게 자리 잡은 경우가 있어요. 부모가 꼭 말로 "1등이 최고야!" 하고 알려주지 않아도, 자연스럽게 아이가 경험하는 주변 환경이나, 칭찬 방식이 1등에 대한 개념을 형성하게 만드니까요. 이러한 경우 아이에게 1등에 대한 개념을 다양하게 바꾸어줄 필요가 있어요.

"오늘 퍼즐이 잘 안 되는데도 끝까지 해냈으니 네가 인내심 1등이 네." - 과정에 대한 칭찬

"먼저 장난감을 만지고 싶었는데도 짜증을 조금 내고 참았으니 1등 이야." - 노력에 대한 칭찬

과정과 노력의 중요성도 인식할 수 있도록 부모가 아이와의 대화 방법을 바꾸어보는 것도 좋아요.

2단계: 잘 지는 것도 가르쳐야 해요

아이들은 시합에서 졌을 때 오는 좌절감, 속상함 등을 어떻게 극복해야 할지 몰라서 1등, 이기는 것에 대해 집착하기도 해요. 그래서 놀이나 보드게임처럼 져도 괜찮은 상황에서 좌절을 미리 연습하는 것이 좋아요.

많은 전문가들은 7:3 정도로 부모가 많이 져주는 것도 괜찮다고 하지만, 아이의 경쟁심이 너무 강하다면 처음에는 9:1이어도 좋으니 아이가 최대한 많이 이기게 해주는 것부터 시작해도 좋답니다. 중요한 것은 부모가 무조건 져주는 것이 아니라, 아이와의 놀이에서 졌을 때 '잘 지는 것'에 대해 좋은 본보기가 되어주는 거지요.

"아, 졌네. 그래도 너랑 노니까 즐거워."

"와~ 이 게임은 져도 진짜 재밌다."

이런 식으로 지는 것에 대한 세련된 대응을 부모가 가르쳐주는 게 좋아요. 처음에는 큰 효과가 없는 듯 보여도 부모의 성숙한 반응을 계속 지켜보면 나중에 아이가 경쟁에서 지게 되었을 때 효과를 나타내기도 해요.

실제로 상담 센터에서 근무하며 초등학생 아이와 놀이치료를 할 때, 처음에는 지는 것을 못 견디던 아이가 치료사의 '잘 지는 반응'을 배우면서 훗날 스스로 이 전략을 활용하는 것을 볼 수 있었어요. "져서 많이 속상하지?"라고 이야기하면, "지는 것도 좋은 거예요." "졌어도 재밌는데요?"라고 대답할 수 있게 된 거죠. 속으로는 속상할 수 있지만, 자신의 좌절감을 어떻게 다루어야 하는지 알게 되면, 이기고 지는 상황에 대해서 점점 유연하게 받아들일 수 있습니다.

◇

부모의 좋은 습관

◇

어린 시절은 인생에서 가장 행복한 시기라고 말하곤 해요. 자기가 최고인 줄 알고, 맘껏 잘난 척하며 살 수 있는 시기가 삶에서 두 번 다시 찾아오기란 어렵지요. '너만 최고'라고 무턱대고 치켜세워줄 필요는 없지만, 칭찬받고 싶고 잘난 척하고 싶어 하는 아이에게 '겸손을 가르쳐야 하는 것 아닐까'라는 이유로 차갑게 대응하지는 마세요. 부모에게 지속적으로 겸손을 요구받은 아이는, 오히려 밖에 나가서 '타인에게 인정받는 것'에 집착할 수 있어요.

08

훈육이
잘 통하지 않는다면

아이를 키우면서 부모의 자신감이 가장 무너질 때는 바로 바로 훈육할 때가 아닐까 생각돼요. 아이의 나쁜 행동을 반복적으로 훈육을 하는데도 불구하고 그 행동이 잘 고쳐지지 않으면 부모는 '혹시 훈육 방법이 뭔가 잘못된 것은 아닐까?' 생각하죠.

그런 분들에게 어떻게 아이를 훈육하는지 물어보면, 때리거나 부모의 감정 조절이 안 되는 경우 등 일부 경우를 제외하고는, 훈육 방법 자체가 잘못된 경우는 많지 않아요. 요즘은 훈육에 대한 정보도 많고 육아서도 많으며 전문가들의 조언도 언제든 온라인을 통해 찾아볼 수 있으니까요.

기본적인 훈육 방법을 배우는 건 중요하지만 훈육이 잘 되지 않는다면, 훈육 방법이 아닌 중요하고 기본적인 것을 놓치고 있는 건 아닐까 점검해봐야 해요.

훈육에는 예스-노 밸런스가 필요해요

요즘 많이 쓰는 신조어 중에 '워라밸'이라는 단어가 있어요. 워크work, 일와 라이프life, 생활의 밸런스balance, 균형를 뜻하는 말로, 일과 생활의 균형을 이야기하는 단어예요. 많은 사람이 건강하고 균형 잡힌 삶, 워라밸이 맞는 삶을 추구하려고 해요. 일과 삶의 밸런스가 잘 맞으려면 일에만 에너지가 쏠려도, 생활에만 에너지가 쏠려도 안 되는 법이지요.

육아에도 이러한 밸런스가 필요해요. 특히 훈육에 있어서 밸런스는 정말 중요해요. 부모와 아이가 함께하는 일상 속에서 애정(Yes)과 통제(No)의 밸런스가 필요해요. 사실 실제로 육아를 하면서 이 밸런스를 지키기란 쉽지 않아요.

왜냐하면 일상에서 부모가 해야 할 일은 많고, 아이는 이런 상황과 관계없이 자신의 욕구가 닿는 대로 다양한 문제 행동을 일으키니까요. 또한 아이의 생활 습관부터 예절 그리고 학습까지 가르쳐야 할 것도 정말 많지요.

그래서 부모와 아이의 하루 일과를 보면 자연스럽게 허용보다 통제에 더 많은 무게가 실리게 되는 거죠. 따라서 부모가 밸런스를 맞추기 위해 부단히 노력하지 않으면, 아이를 더 많이 통제할 수밖에 없어요.

미국의 심리학자 다이애나 바움린드Diana Baumrind는 부모가 자녀의 요청에 민감하게 반응하고 지지해주는 애정의 정도와 자녀의 행동을 제한하고 통제하는 정도, 두 가지 차원을 기준으로 양육 방식을 네 가지로 제시했어요.

- 권위 있는 양육Authoritative parenting : 애정과 통제가 균형을 이룸
- 권위적인 양육Authoritarian parenting : 부모가 자녀에게 엄격한 기준이 있고 많은 것을 요구하지만 민감한 반응이나 지지는 낮음

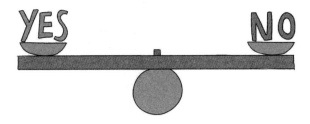

- 허용적인 양육Permissive parenting: 자녀에게 관대하며 민감하게 반응해주지만 통제는 거의 없음
- 방임적 양육Neglectful parenting: 지지와 통제가 둘 다 낮음

가장 건강한 양육 방식은 자녀를 통제하고 요구하지만 이러한 권위가 자녀에 대한 지지와 민감한 반응 위에 존재하는 것, 즉 애정과 통제가 균형을 잡은 '권위 있는 양육'이에요. 즉, Yes와 No가 균형을 잡은 양육 태도를 의미하는 것이지요.

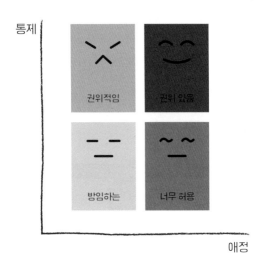

부모는 자신의 생각보다 아이를 많이 통제하고 있어요

하지만 Yes(애정)와 No(통제)가 균형을 이룬 '권위 있는 양육'을 하기란 쉽지 않아요. 아이를 키우다 보면 부모도 모르는 사이 아이를 제한하고 통제하게 되거든요. 아이가 등원 준비를 하고 식사를 해야 하는 아침 시간에 이상한 고집을 부린다면 어쩔 수 없이 통제를 할 수밖에 없어요. 하지만 아이에게 주도권을 줄 수 있는 놀이에서조차 부모는 통제권을 놓지 못하는 경우가 많아요.

아이가 가지고 놀 장난감을 부모가 정해놓고 시작하거나 "이렇게 해보는 건 어때?"라고 끊임없이 방식을 제안하는 식이죠. 아이가 스스로 시도하는 놀이 방식이나 대화에는 잘 반응해주지 않고 부모가 하고 싶은 이야기만 하는 건, 놀이에서조차 아이에게 Yes(애정)를 주지 못하는 모습이에요.

애정과 수용에 비해 통제만 많아지면 자연스럽게 아이는 부모의 말에 협력하지 않으려고 하고, 훈육을 하면 할수록 훈육이 더 안 되는 상황이 되고 맙니다. 혹시 요즘 들어 훈육이 전혀 효과가 없고 아이와의 관계가 삐걱거리는 것 같다면, 가장 먼저 아이와의 관계에 No(통제)가 너무 많은 건 아닌지 점검해보아야 해요.

물론 부모 입장에서 아이를 보면 고쳐줘야 할 것, 잔소리해야 할 것이 너무 많이 보일 수 있어요. 아이들은 위험한 행동을 많이 하고, 상황에 맞는 적절하고 예의 바른 행동을 모르며, 여전히 자신의 행동과 감정을 조절하는 일에 미숙하니까요. 하지만 아이와 보내는 하루 중에 중요하지 않은 일에도 습관적으로 아이에게 "아니야" "안 돼"를 너무 많이 하고 있지는 않은지 점검해봐야 해요. 정말 안 되는 것도 있지만 '귀찮아서', '힘들어서', '엄마도 모르게' 등의 다양한 이유로 자연스럽게 아이에게 No를 외칠 수 있거든요.

실제로 훈육 수업에서 "하루 동안 아이에게 '아니야'를 얼마나 말하는지 적어보세요."라고 엄마들에게 미션을 준 적이 있었어요. 가장 많이 적은 분이 70여 개, 보통의 엄마들이 20~30개 정도를 적었어요. 스스로도 놀랄 정도로 많이 No라고 말하고 있었어요.

통제가 많아지면 진짜 중대한 걸 제지할 수 없게 돼요

습관적으로 하는 No(통제)를 조심해야 하는 이유는, No(통제)가 많을수록 훈육의 효과가 낮아지기 때문이에요. 우선 No(통제)가 너무 많으면 아이는 진짜 중요한 '아니야'를 구분할 수 없게 돼요.

훈육은 허용되지 않는 행동을 반복적으로 통제함으로써 '아, 이 행동은 하면 안 되는구나'를 입력하는 행위예요. 그런데 너무 많이 통제받게 되면 아이는 정말 하지 말아야 하는 행동이 무엇인지 깨

달을 수가 없어요. 이런 상황에서 아이는 부모가 어차피 다 안 된
다고 하니까 '끝까지 고집을 부려봐야지'라고 생각할 수도 있어요.
어떻게든 하나라도 얻어보자는 심정으로 강하게 고집을 부리며
부모에게 비협조적으로 굴게 되는 거죠. 또한 통제가 많아지면 아
이의 마음속에 '치-, 엄마(아빠)는 내가 하는 건 다 싫어해'라는 마
음이 생기게 되면서, 부모에게 협조하지 않으려 하고 반항심만 커
질 수도 있어요.

　이런 경우를 생각해보세요. 평소 하는 일마다 반박하는 상사가
또 작은 일로 부정적으로 이야기한다면 마음이 어떨까요? '아, 내
가 고쳐야겠네!'보다 '또 시작이야. 늘 저래'라는 마음부터 솟아날

거예요. 일반적으로 어떤 사람이 스스로의 행동을 조절하고 바꾸기로 결심하는 것은 상대방과의 관계가 좋을 때 수월하게 이뤄져요. 내가 좋아하는 사람인데, 그 사람이 안 된다고 이야기한다면 다시 한 번 생각해보게 되고 노력해보고 싶은 마음이 드는 거죠.

아이들도 마찬가지예요. '엄마 아빠는 어차피 날 미워해'라는 마음이 자리 잡으면 엄마 아빠에게 협력하려는 마음이 생기지 않아요. 그러나 상대를 신뢰하고 있을 때 중요한 것에 대한 No(통제)가 있다면 그 메시지는 아이에게 다르게 다가와요. 비행 청소년 아이들이 방황을 중단하는 경우도 이와 같은 신뢰 관계가 하나라도 있을 때 이루어지곤 하죠.

애정과 인정으로 허용을 늘려요

통제를 줄이는 것과 더불어 애정과 수용(Yes)을 늘려 균형을 맞추는 것도 중요해요. 아이에게 애정을 표현하고 수용하는 경험이 있어야 훈육이 돋보여요. 사실 부모로서는 아이에게 칭찬과 격려를 해주고 싶고 허용도 해주고 싶지만, 버릇이 없어지거나 제멋대로인 아이가 될까 봐 걱정스러운 마음도 들곤 하죠. 특히 요즘은 엄마들을 지칭하는 안 좋은 용어들까지 등장해서, 아이를 더욱 엄하게 대하는 부모들이 늘고 있어요.

아이에게 중요한 것들을 가르쳐야 하고, 무조건 원하는 대로만 할 수 있는 것이 아니라고 알려주는 건 중요해요. 훈육은 부모의 '의무'이고, 아이의 건강한 성장발달을 위해서는 코헛이 말한 '적절한 좌절'도 필요하고요.

다만 No(통제)에 대한 부작용을 만들지 않으려면 아이에게 적절한 Yes(애정)를 주도록 노력해야 해요. 앞서 설명했듯이, '엄마 아빠는 나를 사랑해'라는 신뢰감 위에 No(통제)가 균형 있게 이루어져야 훈육이 잘되고 아이의 협력을 효과적으로 이끌어낼 수 있어요. 또한 아이가 필요로 하는 민감한 반응과 애정, 칭찬과 승인을 충분히 쏟아주지 않으면 아이는 심리적으로 늘 누군가에게 애정을 갈구하는 배고픈 상태가 될 수도 있어요.

위니콧은 부모가 아이에게 민감하게 반응하지 않고, 아이의 요구를 어느 정도 수용해주지 않으면, 아이가 진짜 자신의 욕구보다 타인의 요구에 자신을 맞추려고 하면서 '거짓된 자기'를 만들게 된다고 했어요. 즉 다른 사람에게 애정을 얻어내기 위해 억지로 타인의 틀에 자신을 끼워 맞추려 하는 것이지요. 진짜 자신이 원하는 것을 감추고, 다른 사람이 원하는 모습대로 살아간다면 아이의 삶은 얼마나 불행할까요?

자녀를 키울 때 훈육은 의무이고 중요한 부분이지만, 이것이 과해져서 아이에게 충분한 Yes(애정)를 주지 못하고 있는 건 아닌지 부모 스스로 민감하게 점검해볼 필요가 있어요.

◇

부모의 좋은 습관

◇

훈육이 잘 되지 않고 아이가 평소보다 부모의 말에 협조해주지 않는다고 느낀다면, '훈육 방법이 잘못됐나?'라고 걱정하기 전에 '요즘 나와 아이와의 관계가 괜찮나?'를 먼저 점검해보세요. 아이가 부모를 '맨날 안 된다고 말하는 사람' '내가 원하는 걸 안 해주는 사람'으로 인식하고 있다면, 아무리 좋은 훈육 방법도 효과를 발휘하지 못하니까요. 훈육은 '기본적인 신뢰가 두터울 때' 제대로 된다는 것을 꼭 기억해주세요.

PART 4

01

부모 마음
체크리스트

문항		거의 그렇지 않다	종종 그렇다	매우 그렇다
1	아이를 키우며 나의 시간과 에너지가 낭비된다는 생각이 든다	1☐	2☐	3☐
2	다른 부모에 비해 나는 장점을 많이 가진 것 같지 않다	1☐	2☐	3☐
3	아이가 내 기대대로 반응해주지 않아 실망스러울 때가 많다	1☐	2☐	3☐
4	아이와 밀착되어 보내는 일상이 답답하고 힘들게 느껴진다	1☐	2☐	3☐
5	아이가 슬픔이나 분노, 두려움 등을 표현할 때 자주 짜증이 난다	1☐	2☐	3☐
6	나도 모르게 자꾸만 아이의 행동을 통제하게 된다	1☐	2☐	3☐
7	아이에게 화를 내고 나면 죄책감을 느낀다	1☐	2☐	3☐
8	나는 내가 좋은 부모가 아닌 것 같다는 생각을 한다	1☐	2☐	3☐
9	나의 성격 특성이 아이에게 나쁜 영향을 주는 것 같다고 느낀다	1☐	2☐	3☐
10	부모가 되어 나의 커리어가 뒤처진 것 같아 초조함을 느낀다	1☐	2☐	3☐

10~20점

전반적으로 부모 역할에 대한 자신감과 긍정적인 감정을 잘 느끼고 있는 상태예요. 가끔씩 느껴지는 어려움이 있다면, 그러한 고민의 공통점을 잘 살펴보는 것이 필요해요.

20~24점

때때로 아이를 사랑하고 긍정적으로 상호작용하는 것이 버겁다고 느끼는 상태예요. 아이를 키우기 어렵다고 막연하게 생각하기보다는 어떠한 부분에서 특히 어려움을 느끼는지 원인을 찾아보세요.

25~30점

아이의 감정에 공감하고 상호작용하는 것에 대한 자신감이 많이 부족한 상태예요. 부모의 역할을 잘 하는 것도 중요하지만 부모 자신의 마음을 잘 돌보아주고 부모로서 사는 삶에 대한 긍정적인 동기를 찾는 것이 필요합니다.

혹여 점수가 높게 나왔다고 실망하거나 자책하지 마세요. 다음 페이지부터 찬찬히 살펴보며 부모인 '나'의 마음을 이해하는 연습을 시작해보세요.

02

아이를 제대로
사랑하기 힘들 때

"부모가 되면 당연히 아이를 사랑하게 될 줄 알았어요. 가끔씩 아이와의 관계를 부담스럽다고 느끼거나 혹은 아이에게 너무 집착하는 나를 보면서 놀라기도 하고 죄책감도 느껴요."

엄마들과 부모 교육 모임을 지속하다 보면 한 번씩 이런 마음을 솔직하게 털어놓게 되는 시간이 있어요. 내가 낳은 아이지만 그 관계가 어렵고 버겁게 느껴질 때가 종종 있지요.

부모와 아이 관계도 사람과 사람이 맺는 관계예요. 그래서 아이를 대하고 관계 맺는 방식은 부모가 다른 타인과 맺는 관계의 특성과 유사할 수도 있어요.

실제로 엄마들은 아이를 낳고 키우면서 자신이 오랫동안 품고 있던 관계에 대한 고민이나 심리적 문제를 제대로 인지하게 되는 경우가 많아요. 다만 헤어지면 고민에서도 멀어지던 사회에서의 관계와 달리, 어디로도 피할 수 없는 밀착된 아이와의 관계를 통해 숨겨진 마음을 만나게 되는 것이지요.

그래서 부모 역할을 편안하고 제대로 해나가기 위해서는 부모 스스로가 어떻게 타인과 관계 맺고 있는지 특성을 살펴봐야 해요. 그러기 위해서 가장 처음 알아야 할 것이 부모의 애착 유형이에요.

부모 역시 애착이 중요해요

이미 앞에서 아이의 애착에 대해 이야기했지요. 아이가 세상에 태어나 불완전한 상황 속에서 적극적으로 필요한 것을 요청할 때 민감하고 따뜻하게 반응해주는 주양육자를 통해 세상과 자기 자신에 대한 신뢰감을 형성하게 되는 것이 '애착'이라고 했어요. 그리고 이렇게 형성된 애착은 자기와 타인에 대한 정신적 표상, 일종의 틀을 만들게 되는데 이것을 '내적작동모델'이라고 해요.

내적작동모델이 긍정적으로 형성된다면 이후에도 자신과 타인을 신뢰하며 건강한 관계를 맺게 되지만, 만약 부정적인 내적작동모델이 형성된다면 자신과 타인을 믿지 못하고 왜곡된 관계를 맺을 수 있어요. 안정 애착은 내적작동모델을 긍정적으로 형성하는 기반이 되고, 이후에 맺게 되는 다양한 인간관계에 지속적으로 영향을 주기 때문에 매우 중요한 것이지요.

이것을 부모의 삶에 적용해보면, 부모가 안정적인 애착을 통해 긍정적인 '내적작동모델'이 형성되어 있다면 자신뿐만 아니라 아이와 건강한 관계를 맺는 게 자연스러울 거예요. 반면에 여러 불안정한 형태의 애착 상태로, 부정적인 '내적작동모델'이 내면에 형성되었다면 아이와의 관계에서도 아이에게 지나치게 집착하거나 혹은 아이와 친밀해지지 못하는 상황이 발생할 수 있어요.

적당한 거리가 친밀한 관계를 만들어요

긍정적인 '내적작동모델'을 통해 맺게 되는 건강한 관계란 '적당한 거리감'이라고 설명할 수 있어요. 타인을 배척하거나 경계하지 않고 신뢰감을 기반으로 관계를 맺을 수 있지만, 지나치게 관계에 집착하지 않으며 독립적인 자아 대 자아로 관계를 맺을 수 있는 것, 이것이 적당하고 건강한 거리이지요.

하지만 불안정 애착이 형성되어 있다면 타인과 맺는 관계에서

이 거리를 건강하게 유지하는 게 어려울 수 있어요. 관계를 맺을 때 상대방을 너무 경계하거나 반대로 집착하게 될 수 있거든요. 특히 부모 역할을 하면서부터 내면에 형성된 관계에 대한 모델이 더 확연히 드러나곤 해요. 이전에 맺었던 관계와 달리 아이와의 관계는 떼려야 뗄 수 없는 특수한 관계니까요.

그렇다면 부모가 부정적인 '내적작동모델'을 가지고 있을 때 아이와의 관계에 어떤 영향을 미치는지 자세히 살펴볼게요.

회피하는 애착 유형의 부모

아이 키우기는 원래 힘들지만, 유독 아이와의 관계를 부담스럽고 힘들어하는 경우가 있어요. 분명 아이가 소중하고 예쁘긴 한데, 한편으론 육아가 '쉼표' 없이 이어지는 관계처럼 느껴져서 버거운 거죠. 아이와 항상 붙어 있어야 하는 게 힘들거나, 주변 사람으로부터 "아이에게 왜 이렇게 다정하지 않아?"라는 이야기를 들어 고민이라는 부모들도 있어요.

이런 어려움을 느끼는 부모의 경우 보통 따뜻하지 않은 부모나, 즉각적으로 반응해주지 않는 부모 밑에서 자란 경우가 많아요. 자신이 아이였을 때 부모의 사랑을 원했지만 기대한 만큼 따뜻한 반응이 오지 않고, 처음에는 부모의 관심을 얻고자 노력했지만, 어느 순간 부모와의 관계가 무덤덤해진 경우예요. 부모와 미리 거리를 두어야 상처를 덜 받고 마음이 편해지니까요. 사실 마음 한편에는 여전히 깊이 있는 관계를 맺고 싶은 욕구가 있지만, 그렇다 해도 좋은 관계를 맺기 위한 노력은 하지 않아요. 이런 경우를 불안정 회피 애착이라고 하지요.

그런데 이전까지는 내가 원하는 만큼 다른 사람과의 거리를 조절할 수 있었고, 필요할 때는 멀리 피할 수도 있었지만 내 아이와의 관계는 그게 불가능해요. 아이는 내 마음과 상관없이 늘 부모를 원하고, 부모가 거리를 두고 싶다고 해서 그렇게 할 수 있는 관계도 아니다 보니, 그동안 지켜온 고유한 나의 영역이 침해받는 기분이 들 수도 있어요. 부모는 아이를 사랑하지만, 늘 함께하는 것이 부담스러울 수도 있는 거죠.

집착하는 애착 유형의 부모

반면 관계에 집착하는 애착 유형을 가진 부모도 있어요. 이는 감정 기복이 너무 크고, 예측이 불가능한 일관성이 없는 부모에게서 자란 경우가 많아요. 잘해줄 땐 너무 따뜻하지만 어떨 땐 너무 심하게 욱하는 부모의 모습에 아이는 혼란스러울 수 있어요.

그러다 보니 아이는 부모가 없으면 부모를 간절히 원하다가도, 막상 부모가 돌아오면 원망하며 공격하기도 해요. 하지만 그렇게 자라면서도 모순되게 타인의 관심, 타인과 밀착된 관계를 간절히 원해요. 스스로에 대해서는 늘 자신이 없지만, 타인에 대해서는 만사 OK를 외치며 가깝고 친밀한 관계에 집착하게 되는 경향도 보이곤 합니다.

이러한 유형으로 성장해 부모가 되면, 아이에게 불나방처럼 격렬히 달려들 수 있어요. 아이는 사랑을 쏟아붓기에 너무나 좋은 대상이니까요. 그런데 아이는 자라며 당연히 부모를 실망시키게 되고 어느 시기가 되면 부모 뜻대로 따라주지 않아요.

이 유형의 부모들은 아이의 이런 부분을 못 견디게 힘들어해요. 내가 쏟아부은 만큼 아이가 사랑을 돌려주지도 않는 것 같고, 내 뜻대로 잘 되지 않는 관계가 너무 힘든 나머지 강압적으로 아이를 자신의 틀 안에 가두려 할 수도 있어요. 또한 동시에 아이에게 애정을 퍼부으려고 할 수도 있어요. 자신이 경험한 것처럼 또 다른 냉탕과 온탕을 제공하는 부모가 되는 거죠.

아이를 키우며 힘이 드는 이유로는 일시적인 상황이나 스트레스 등 다양한 원인이 있겠지만, 한 번쯤은 아이와 관계 맺는 방식에 근본적인 원인이 있는 건 아닐까 생각해보세요. 나의 '내적작동모델'이 아이와 관계를 맺는 데 영향을 주고 있을지 모르니까요.

부모인 내가 불안정 애착 유형이라면?

1. 우선은 내 애착 유형부터 이해해야 해요

부모라는 역할은 개인의 삶에 위기를 주기도 하지만, 그동안 깊이 있게 들여다보지 않았던 나의 삶을 다른 방향으로 성장시킬 기회가 되기도 해요. 나 하나의 문제라면 모른 척하고 살 수 있지만, 아이에게 영향을 미치고 있다면 어떻게든 해결하고 성장하고 싶다는 생각을 하게 되니까요.

나의 애착 유형을 알고 싶다면 가까운 사람들, 애인이나 남편 또는 친구들과 어떻게 관계를 맺었는지 돌아보세요. 상대방에게 집착하거나 매달리는 편은 아니었는지, 누군가에게 기대지 않고 혼자 있는 시간을 견디지 못하는 편이었는지, 반대로 누군가와 친밀하게 관계 맺기보단 적당히 거리를 두며 방어하는 편이었는지 말이에요. 내가 그동안 맺었던 관계의 형태를 이해하면 부모로서 아이와 맺고 있는 관계를 더 객관적으로 바라볼 수 있어요.

2. 회피 애착 부모는 아이를 객관적으로 이해해야 해요

아이는 나의 견고한 성을 무너트리고 내 영역을 침범하려는 게 아니라, 부모인 나를 무조건적으로 좋아하고 따르는 게 당연해요. 부모와 스킨십을 하고 싶어 하고 친밀한 관계를 맺기 원하는 건 아이의 정상적인 행동이에요.

매 순간 아이에게 마음을 열어놓는 건 어렵지만, 하루 몇 번의 스킨십, 눈 맞춤과 칭찬, 5~10분 아이와 함께하는 놀이 시간 등 최소한의 기준을 정하고 그만큼이라도 양질의 애착 시간을 갖도록 해보세요.

상담을 해보면 회피 애착인 부모들은 처음에는 이런 사소한 것들도 실천하기 어렵다고 하지만, '하루에 한 번은 스킨십을 해야지'라고 최소한의 목표를 정하고 의식적으로 지키다 보면, 점점 익숙해진다고 이야기해요. 무엇보다 아이와의 관계가 개선되는 것도 느낄 수 있다고 하고요.

3. 집착 애착 부모는 아이에 대한 애정을 분산해야 해요

만약 집착하는 애착 유형의 부모라면, 아이에게 자신의 모든 사랑을 쏟아붓지 않게 관심을 분산해야 해요. 아이에게 잘하려고 하다 오히려 더욱 스트레스가 커지곤 하는데 이러다 결국 갑자기 돌변해 화를 내는 경우도 있거든요. 그리고 이 온도 차이로 인한 비일관적 육아는 아이로 하여금 안정적으로 사랑받고 있다는 느낌을 받을 수 없게 해요.

간혹 아이가 부모와 분리되는 것을 불안해한다고 호소하는 부모들을 자세히 살펴보면 부모가 아이와의 분리를 더 두려워하는 경우도 있어요. 아이를 사랑하고 최선을 다해 돌보는 건 좋지만, 부모의 시간과 삶 없이 아이에게만 온 신경이 집중되어 있는 건 아닌지, 아이와 관련 없는 부모의 고유한 삶의 영역은 얼마나 있는지(일이나 취미 등) 점검해보세요.

엄마들 중에는 아이가 어린이집에 가거나 자고 있을 때 아이 물건을 쇼핑하거나 육아를 위한 자료를 조사하며 시간을 보내는 경우가 있어요. 이 경우 부모가 자신을 위해 쓰는 시간이라고 보기 어려워요. 의식적으로 엄마 스위치를 끄고 나 자신에게만 집중하는 짧은 시간, 간단한 취미 활동 등을 정해서 시작해보세요.

4. 일과 취미를 통해 안정 애착을 만들어갈 수 있어요

전문가들은 불안정 애착을 보완하는 데 취미 활동이나 일이 도움이 된다고들 이야기해요.. 회피 유형은 일과 취미에 꾸준하게 몰입함으로써 덜 부담스러운 방식으로 자신의 애정을 쏟는 것을 시도할 수 있어요. 반면 집착하는 유형은 아이가 아닌 다른 활동에 애정과 관심을 분산할 수 있으니 유용해요.

애정을 쏟는 활동이 바로 찾아지는 것은 아니에요. 좋아하고 몰입할 만한 것을 찾기까지 시간과 노력은 필요하니까요. 더 미루지 말고, '부모인 내가 무엇을 좋아하는지' 생각하는 것부터 당장 시작해보세요.

5. 혼자가 버겁다면 전문가의 도움을 받으세요

내 안의 '내적작동모델'은 스스로 만든 것이 아니라, 어린 시절 성장 배경부터 현재까지 오랜 시간 다져온 산물이라고 볼 수 있어요. 그래서 혼자만의 노력으로는 자신을 객관적으로 바라보거나 변화를 시도하는 것이 어려울 수 있어요. 스스로 자신의 문제에 접근하기 어렵다면, 전문가에게 도움을 받는 게 가장 정확하고 좋은 방법이에요.

나도 모르게 만들어진 내면의 것들이 아이에게 영향을 주고 있다고 생각하면, 때로는 큰 두려움이 느껴지기도 해요. 하지만 그동안 모른 척하고 살아온 마음의 구멍들을 발견하고 메워가는 기회를 얻게 된 것은 부모가 되어 경험하는 좋은 점 아닐까요?

◇

부모의 좋은 습관

◇

육아를 하다 보면 자꾸 자신의 부족함을 마주하게 되어 힘이 들어요. 이전까지는 그럭저럭 괜찮았던 내 특정 성격이나 행동, 습관 중에서 좋은 부모가 되는 데 걸림돌이나 단점이 되는 경우를 자꾸 발견하기도 한답니다. 예를 들어 고독을 즐긴다거나, 완벽을 추구하거나 하는 특징들은 때로 부모인 나를 힘들게 해요. 하지만 부모가 되었기에 '이전보다 더 괜찮고 건강한 나'로 성장할 수 있는 기회가 찾아온 것이기도 하죠. 부모 역할을 하며 자꾸만 내면에서 부딪히는 부분이 있다면 조금씩 변화를 시도해보세요.

03

아이에게 공감이
잘 안 된다면

'공감'은 부모 교육에서 단골로 등장하는 단어 중 하나죠. 아이에게 공감을 잘해줘야 정서적으로 건강하게 자라고, 학습과 사회성에도 도움이 되고, 감정 조절에도 긍정적인 영향을 준다고 들어왔을 거예요.

대니얼 골먼Daniel Goleman은 오랜 연구를 통해 정서 지능이 높은 사람은 자신의 감정을 잘 알아차리고, 충동을 통제하는 데 능하며, 자기관리를 잘하고, 상황에 유연하게 대처한다고 밝혔어요. 뿐만 아니라 타인의 감정도 잘 알아채기에 남들을 잘 이해하고, 대인 관계 시 능숙하게 대처할 수 있으며, 갈등도 원만히 해결할 수 있어 목표를 향해 진취적으로 나아갈 수 있다고 했죠. 따라서 똑똑하기만 한 사람보다는 정서 지능이 높은 사람이 성공적이고 행복한 삶을 살 가능성이 높다고 해요.

이러한 정서 지능은 타고나는 것보다 성장 과정에서 키워지는 부분이 커요. 이러한 정서 지능을 높이기 위해 골먼은 부모의 역할을 강조했어요. 정서 지능에는 다섯 가지 발달 단계가 있어요.

- 자기 정서 인식 - 자신의 감정을 빠르게 인식하는 단계
- 자기 감정 조절 - 자신의 감정을 처리하고 변화시키는 단계
- 자기 동기화 - 목표 달성을 위한 동기부여 단계
- 타인에게 감정 이입 - 타인의 감정을 파악하고 공감하는 단계
- 대인 관계 유지 - 타인과 원만한 인간관계를 맺으며 알맞게 대응하는 단계

즉 나의 감정이 무엇인지 인지해야 그 감정을 처리하고 사회에 맞는 방식으로 조절할 수 있으며, 나아가 자신에게 동기부여를 할 수도 있어요. 그리고 이를 바탕으로 타인의 감정을 이해하고 원만한 관계를 유지할 수 있어요. 정서 지능의 발달 단계에서 볼 수 있듯이 정서 지능이 높은 아이로 자라기 위해 가장 먼저 선행되어야 하는 것은 '자기 감정에 대한 인식'이에요.

아이는 태어난 지 6개월부터 기본적인 감정을 느끼고, 여러 책

략을 사용해 나름대로 감정을 조절하기 위해 애써요. 하지만 아이의 감정 조절은 기대만큼 잘 되지 않아요. 심지어 청소년기가 되어도 여전히 자신의 감정을 인식하고 다루는 것에 미숙해요. 부모는 아이가 감정 조절을 잘할 수 있기를 바라지만, 조절이라는 단계까지 가려면 넘어야 할 산이 정말 많아요.

아이는 우선 자신이 느끼는 감정이 무엇인지부터 알아야 해요. 그러려면 감정이 익숙하지 않은 아이가 자신의 감정을 배우고 인식하도록 도와야 해요. 그때 가장 효과적이면서도 중요한 것이 바로 부모가 아이의 감정을 '공감'해주는 거예요. 이를테면 아이는 화를 내면서도 자신이 왜 그렇게 행동하는지 알아차리지 못하지만,

내 감정을 읽어주며 공감해주는 부모의 반응을 통해 '내가 지금 이래서 화가 났구나'를 인지하게 되는 거죠.

그런데 왜 나는 공감이 힘들까요?

공감이 중요하다는 것을 알고, 아이 감정에 공감해주는 대화법을 배운다고 해도 막상 해보면 쉽지가 않아요. 아이에게 "네가 지금 화가 나서 그러는구나."라고 이야기해주는 게 좋다는 것을 알지만, 아이의 행동을 보면서 부모가 먼저 화가 나거나, 혹은 아이가 어떤 감정 때문에 저러는지 도저히 모르겠다고 이야기하시는 부모님들도 많거든요. 또 막상 아이의 감정에 공감하는 말을 해주려고 해도 어색해서 입이 떨어지지 않는다고 하는 부모도 있지요.

원인 1. 나 역시 그동안 제대로 된 공감을 받아본 적이 없어요
음식을 맛있게 만들려면 가장 먼저 무엇이 필요할까요? 맛있는 음식을 먹어본 기억이 있어야 해요. 아무리 맛있다고 하는 음식도, 한 번도 먹어보지 못한 상태에서 과정 설명만 들어서는 완성된 맛이 그려지지 않아요. 따라서 그 음식을 맛있게 만든다는 것이 막막하게 느껴지고, 만들고 나서도 이게 맛있게 만들어진 건지 아닌지 알 수가 없죠.

육아도, 공감도 마찬가지예요. 부모 역시 자라면서 공감을 받아본 경험이 있고, 자신의 감정이 타인에 의해서 존중받아본 적이 있어야 비슷하게나마 아이의 감정에 공감해볼 수 있어요. 그런데 지금 어린아이를 키우는 부모들은 성장 과정에서 감정에 대해 배우거나 감정 표현을 자유롭게 할 수 있도록 존중받은 경험이 부족한 경우가 많아요. 왜냐하면 먹고사는 게 화두였던 그 시절, 늘 바빴던 부모에게서 공감을 받은 경험이 우리는 많지 않고, 더욱이 그때는 육아에 있어 정서 지능에 대한 부분이 강조되지 않았던 시기였으니까요. 이전 세대 부모들의 육아가 잘못되었다기보다는 정서라는 부분이 그 시절에는 중요하게 다뤄지지 않았던 거죠.

그런데 막상 부모가 되고 보니 아이의 감정발달을 위해 노력해야 하는 숙제들이 많아요. 마치 먹어본 적 없는 음식을 만들어야 하는 상황과 비슷한 거죠. 아이의 기쁨, 행복뿐만 아니라 슬픔, 분노, 짜증, 두려움 등 다양한 부정적인 감정을 표현할 때도 그 감정 자체를 존중해주고 공감해줘야 한다고 끊임없이 듣고 연습도 했지만, 막상 자신은 그런 경험을 한 적이 없으니 어색하기만 하죠. 그래서 아이가 보여주는 감정을 정확히 읽지 못하곤 해요. 그러니 당연히 공감이 어려울 수밖에요.

원인 2. 부정적인 감정을 잘못된 것으로 배웠어요

아이가 감정을 표현하는 모습을 마주하는 것만으로도 당혹스러워요. 특히 슬픔, 분노, 짜증, 두려움처럼 다소 부정적인 감정을 아이가 표현할 때 부모는 자연스럽게 불편함을 느껴요. 그리고 불편한 감정은 아이의 감정을 충분히 바라보고 아이가 그 감정을 표현하도록 인정하고 공감해주는 것을 더욱 어렵게 만들죠.

감정코칭으로 잘 알려진 존 가트맨John Gottman 박사는 모든 사람이 자신과 타인의 정서에 대한 가치관, 신념, 태도, 생각 및 느낌 등을 가지고 있다고 봤어요. 이것이 바로 상위정서철학Meta-Emotion Philosophy이라는 개념이에요. 즉 앞서 이야기했던 정서 지능이 정서의 인식, 조절 등에 대한 개인의 능력을 이야기한 것이라면, 이 상위정서철학은 어떠한 정서에 대해 각자 가지고 있는 자기만의 '생각과 느낌'이라고 설명할 수 있어요.

이를테면 '분노'라는 정서를 누군가는 '위협적이고 나쁜 느낌'이라고 생각할 수 있고, 또 다른 사람은 '그냥 여러 가지 정서 중 하나'로 느낄 수 있다는 거예요. 그렇다면 상위정서철학은 부모가 아이의 감정에 공감하는 것에 어떤 영향을 줄까요?

존 가트맨 연구팀은 슬픔, 분노 등의 정서에 대한 부모의 상위정서철학을 알아보기 위해 부모를 인터뷰해 분석하고, 이것이 양육 태도나 아이의 정서 능력에 어떠한 영향을 주는지 알아보는 연구를 활발히 진행했어요.

연구 결과에 따르면 주로 부정적이라고 생각하는 분노, 슬픔과 같은 정서에 대해 부모가 긍정적으로 생각하고 있을 때, 아이의 그런 정서를 더 많이 수용하고 공감해주는 것으로 나타났어요. 또한 아이가 부정적인 정서를 표현하는 것을 정서적 교감의 기회로 생각해서 그 감정을 불편해하지 않고 아이와 정서에 대한 대화를 더 많이 나누는 것으로 나타났고요. 이러한 양육 태도는 아이의 발달에도 유의미한 차이를 만들었어요. 이 부모 밑에서 자란 아이가 여덟 살 정도 되었을 때 또래관계, 신체적 건강, 학업 성취 및 자아존중감에서 비교 집단 대비 긍정적인 결과도 나타났지요.

어린 시절을 생각해보세요. 화를 내거나 슬퍼서 눈물을 흘리면 부모님들이 "뚝! 그만 울어!"라든가, "화내지 마!"와 같은 반응을 보이셨을 거예요. 이러한 반응은 분노나 슬픔 등의 부정적인 감정에 대해 제대로 인식하고 수용하는 경험을 차단해버리는 거지요.

그러다 보니 부모는 자신의 감정을 조절하고 코칭하는 것이 어렵고, 아이가 이와 유사한 감정을 앞에서 보이게 되면 불편한 감정이 먼저 생길 수밖에 없어요. 아이의 감정을 제대로 인지하기보다는 빨리 없애주고 해결해주거나 또는 다른 것으로 전환시켜주고 싶다는 생각부터 하게 되니까요. 그러니 아이의 감정에 제대로 공감하는 건 쉬운 일이 아닌 게 맞아요. 우리 스스로가 감정에 대해 편안함을 느껴야 아이의 감정도 그렇게 받아들여줄 수 있게 될 거예요.

이제부터라도 감정을 다루는 법을 배우면 돼요

아이의 감정을 제대로 공감해주지 못하거나, 도리어 내가 감정을 조절하지 못하고 아이를 향해 터뜨릴 때마다 부모는 많이 자책하게 되죠. 하지만 부모 역시 감정에 대해 배운 적도 없고 자신의 감정과 친해질 기회도 없었기에, 감정에 서툰 게 당연해요. 그러니 지금부터라도 자신의 감정에 더 가까워지고 부정적인 감정도 편안하게 느낄 수 있도록 노력해보면 어떨까요?

1단계: 감정 단어들과 친해져봐요

나의 감정이나 아이의 감정을 잘 인식하고 조절하기 위해서는 우선 감정을 표현하는 단어들부터 익혀보세요. 엄마들을 대상으로 감정 수업을 진행하면서 '어제 자신에게 일어난 일 중 인상 깊었던 일과 그때 느꼈던 감정을 표현해봐요'라고 하면, 많은 분들이 감정 단어를 끄집어내는 걸 어려워하고, 자신에게 어떤 일이 있었는지 사실 위주로 나열하는 걸 많이 볼 수 있었어요. 분명히 어제 느낀 감정에 대해 쓰라고 했지만, '아이와 어떤 놀이를 했고, 저녁식사를 한 뒤 아이를 혼냈고'처럼 감정이 아닌 그저 사건만 나열하게 되는 거죠.

감정에 대해 쓰고 싶다고 해도, 자신의 감정을 표현할 단어를 생각해내지 못하는 경우도 많아요. 이를테면 '화'라는 감정을 표현하는 단어는 분노하다, 화나다, 미워하다 외에도 괘씸하다, 실망스럽다, 억울하다, 배신감을 느끼다 등등 굉장히 많지만 보통 엄마들은 제한된 몇 개의 감정 단어밖에 쓰지 못하곤 해요. 또한 여러 가지 감정 단어가 각각 어떻게 미묘하게 다른지 그 차이를 설명하는 걸 어려워해요.

감정 단어는 자신의 감정을 인식하고, 공감하며, 표현하기 위한 가장 기본적인 도구예요. 그래서 감정 조절을 위해서는 다양한 '감정 단어'와 친숙해져야 해요. 하지만 영어 단어를 외우듯 억지로 감정 단어를 외울 수는 없어요. 감정 단어를 내 것으로 만드는 가장 쉬운 방법은 일상 속에서 다양한 감정을 느낄 수 있는 책이나 영화 등을 가까이하고, 매일 감정 단어를 활용해보는 거예요.

많은 전문가들이 가장 유용한 감정 조절 방법으로 오늘 하루 느낀 감정을 작성하는 감정 노트를 추천하는 것도 바로 이 때문이에요. 자신이 느낀 감정을 다양한 단어로 인지하고 표현할수록 감정 단어에 익숙해지고, 감정 단어에 익숙해야 감정 표현이 더욱 자연스러워질 수 있거든요.

만약 감정 노트를 작성하는 것이 어색하다면 간단한 사진과 함께 오늘 느낀 감정을 서너 개 정도의 해시태그로 남겨보는 것도 좋아요. 쉽게 검색할 수 있는 감정 단어를 살펴보고, 오늘 또는 이번 주에 느낀 감정 몇 가지를 찾아 동그라미 쳐보는 활동을 해볼 수도 있어요.

처음에는 나의 감정을 생각한다는 것이 어렵고 어색할 수 있지만, 반복하다 보면 보다 다양한 감정이 느껴지고 그것을 구분할 수 있어요. 그리고 다양한 감정을 느끼고 명명하게 되면 나와 아이의 감정을 이해하고 공감하는 것도 자연스러워지게 돼요.

2단계: 부모인 나의 감정에 내가 먼저 공감해주세요

아이의 감정에 잘 공감하기 위해 가장 필요한 과정은 자신의 감정에 공감하는 것이에요. "다 괜찮아. 맘대로 해도 돼!"가 아니라 "그렇게 느낄 수도 있겠구나." "화가 날 수도 있지." "당연히 짜증날 수 있어."처럼 내가 느낀 감정이 타당했다고 말해보세요.

아이에게는 형식적으로나마 해볼 수 있던 말인데 자신에게 그렇게 말하기란 쉽지 않아요. 하지만 자신의 감정을 이해하고 수용해주는 경험이 우선되어야 아이의 감정도 편안하게 소화시켜줄 수가 있어요.

이를테면 화가 나서 아이를 때렸다면, 그 행동 자체를 반성하고 조절할 필요는 있지만, 화가 난 자신의 감정을 그대로 인정하는 과정도 필요해요. '내가 아이를 때릴 만큼 화가 많이 났구나' '화가 날 수는 있었어'처럼요. 그래야 화가 난 감정과 아이를 때린 행동이 구분되고, '화가 나더라도 아이를 때리지는 말았어야 했는데…'로 생각이 이어지게 돼 감정과 행동을 각각 조절할 수 있어요.

3단계: 아이는 감정을 배우고 있는 중이란 걸 기억해요

부모는 성인인데도 자신의 감정을 인지하고 조절하는 것이 어려워요. 그러니 아이들이 자신의 감정을 조절하는 건 더 어렵겠지요. 아이의 과한 감정 표현, 특히 울고 떼쓰며 분노하거나 끊임없이 두려움과 불안을 호소하면 부모가 힘든 게 사실이에요. 하지만 아이는 감정에 대해 아직 어떤 것도 명확하게 그리지 못한 상태랍니다. 지금 아이는 하얀 도화지 같은 마음에 시시때때로 느껴지는 다양한 감정에 이름을 붙이고 배워나가는 중이에요.

아이가 감정 조절을 하지 못하고 폭발하는 모습을 보면 '왜 바뀌지 않을까'라는 초조한 마음이 들 수 있겠지만, 이제 막 감정을 배우는 단계라는 걸 기억해주세요.

◇

부모의 좋은 습관

◇

아이에게 공감하고 감정을 가르치기 위해서는, 부모가 먼저 감정과 친해져야 합니다. 특히 감정 단어는 감정을 섬세히 표현하고 조절하기 위한 가장 중요하고 기본적인 자원입니다. 많은 감정 단어와 친해져보세요. 감정 단어들을 사용해 하루 일을 짧게 기록해보거나, 아이를 키우면서 멀어지게 된 소설, 영화 등을 보면서 다양한 감정을 느낄 기회를 꼭 만들어보세요.

04

아이를 자꾸만
통제하려는 나

훈육 수업을 진행할 때 첫 시간에는 우리 아이의 고쳐주고 싶은 불편한 행동들을 적는 시간을 갖곤 해요. 고민을 드러내놓고 자신의 훈육관이나 방식을 점검하기 위해서죠. 보통 종이 한 장에 아이의 문제 행동을 빼곡하게 적어내는 엄마들이 많아요. 아이의 행동 중 이것도 고치고 싶고, 저것도 고쳐야 할 것 같고…. 부모 입장에서는 거슬리는 아이의 행동이 너무 많은 거죠.

물론 작성된 리스트 안에는 꼭 훈육해야만 하는 중요한 행동도 있어요. 하지만 그에 못지않게 부모의 과도한 걱정 때문에 아이를 통제하거나, 또는 부모가 불편하게 느껴서 제재하는 행동도 꽤 많이 있어요.

사실 아이의 모든 행동을 통제하고 훈육하고 싶은 부모가 어디 있겠어요. 아이의 행동을 최대한 수용하고 통제나 훈육은 가능한 하고 싶지 않은 게 부모의 바람이지요. 하지만 일상에서는 부모도 모르게 사소한 일에서도 "아니야" "안 돼!" "하지 마"를 먼저 뱉곤 해요. 왜 아이의 행동을 보면 통제부터 하게 될까요? 아이에게 언제나 너그럽고 싶은 마음과 달리 부모들이 아이의 행동을 허용해 주지 못하는 진짜 이유는 따로 있어요.

아이가 어릴수록 부모의 통제감은 채워지지 않아요

통제하고 싶은 마음은 인간의 당연한 욕구예요. 사람은 자신의 삶을 스스로 통제할 수 있다고 느낄 때 심리적으로도 건강하고 행복해합니다. 내가 내 시간과 일을 계획해 수행할 수 있고, 내 감정이나 생각, 행동 등을 이해하며 통제한다는 느낌은 굉장한 안정감을 주어요. 이처럼 자신의 삶에 대한 통제감을 가지고 안정감을 느낀다면, 굳이 다른 대상을 통제할 필요를 느끼지도 않아요.

하지만 반대로 모든 상황이 나의 노력과 상관없이 진행되고, 나에게 영향력이 없다는 것을 느끼게 되면 큰 스트레스를 느낄 수 있어요. 그런데 부모라는 역할, 아이를 키우는 상황에서는 이런 스트레스가 많이 발생해요. 분명히 내 시간, 내 공간, 내 삶이지만 내가 계획해서 주도할 수 있는 게 거의 없거든요. 아이를 키우는 동안은 몸과 마음이 너무 피곤하고 큰 파도에 휩쓸리듯이 정신없이 살게 돼요.

아이가 어리면 어릴수록 아이의 먹고, 자고, 놀고, 떼쓰고, 싸는 일상을 내내 함께하고, 이 경우 내 삶의 어떤 부분도 내가 주도하고 있다는 느낌이 들지 않아요. 옷이나 신발 하나도 내가 원하는 것으로 선택하기 어렵고, 잠깐 혼자 쉬고 싶다고 해도 시간이나 공간을 통제할 수도 없죠. 어쩌다 힘들게 잡은 친구와의 약속도 아이가 아프거나 가족에게 일이 생기게 되면 깨지기 쉽고요.

통제감이 사라지면 무기력해지거나 화가 쌓일 수 있어요

물론 계획한 모든 것을 실행하거나 원하는 대로만 하며 살 수는 없어요. 하지만 부모라는 역할이 삶에서 너무 많은 비중을 차지하면, 아무것도 계획할 수 없는 삶을 살아가는 게 당연하게 되어버리고, 오랜 시간 진짜 마음은 방치될 수 있어요. 그리고 이렇게 방치된 욕구들은 다른 방식으로라도 채우고 싶은 마음이 들죠.

특히 원래 계획을 잘 세우고, 자신의 영역을 잘 지키며 살아온 사람들에게 육아라는 환경은 더 극한 상황으로 느껴질 수 있어요. 이전과 달리 삶이 계획한 대로 되지 않고 계획할 수도 없으니 그 자체가 너무 큰 스트레스가 되죠.

저 역시 결혼 전에는 하루 계획을 세우고, 모든 일을 미리미리 준비하는 스타일이었어요. 그래서 일이 아무리 많아도 나만을 위한 시간을 확보할 수 있었고 충분히 쉴 수도 있었어요. 하지만 아이를 키우면서는 무언가를 계획해도, 준비한 대로 되지 않더라고요. 늘 변수가 생기고 시간에 쫓기는데, 내 마음대로 조절할 수 있는 영역은 하나도 없는 듯 느껴졌어요.

그런데 이렇게 삶에 대한 통제를 잃어버리면, 그 욕구가 엉뚱한 곳으로 튀어버려요. 바로 아이를 내 뜻과 계획대로 통제하고 싶어지는 거죠. 아이의 행동을 통제하게 되면 그나마 마음이 좀 편해지고, 또 아이가 내 말대로 통제가 잘 되면 내 삶이 통제되는 느낌이 들거든요.

그런데 아이가 부모의 말대로 가만히 따라주나요? 아이 역시 내가 노력하는 만큼 통제가 잘 되지 않아요. 오히려 통제하려고 할수록 더 엇나가고, 자라면서 고집이 생기니 더 어려워지지요. 결국, 아이를 키우는 것까지 내 뜻대로 안 된다고 느끼면 부모의 스트레스는 점점 높아져요. 그래서 결국 다시 더 많은 분노를 쏟아내게 되는 악순환에 빠집니다.

내 삶 속에서 작은 통제감을 찾아봐요

부모가 아이를 양육하면서 느끼는 다양한 심리적 어려움, 감정 조절 실패, 스트레스는 단순히 아이를 훈육하는 방법, 아이와 잘 놀아주는 방법 등을 배우고 노력하는 것만으로 해결되지 않는 경우가 많아요. 이론으로 배운 양육법이 아닌, 부모가 가지고 있는 심리적인 부분에 대한 이해와 노력이 선행되어야 해소되는 부분도 있거든요.

만약 나도 모르게 아이를 자꾸만 통제한다면, 다양한 육아 방법을 배워도 내 아이에게 잘 적용되지 않는다면, 스스로 생각했을 때 육아 스트레스가 다른 부모들보다 높다고 느껴진다면, 부모로서가 아닌 나 자신의 삶에 대한 통제감부터 찾아보세요.

1. 나의 하루를 적어보세요

내 삶에 대한 통제감을 찾는 방법 가운데 추천하고 싶은 방법 중하나는 바로 '쓰는 활동'이에요. 계획을 스케줄러에 적어보는 방법도 있고 감정이나 생각을 짤막하게나마 일기로 기록하는 것도 좋아요. 무언가를 꾸준히 기록하다 보면 생각, 감정, 행동, 시간에 대한 통제감을 느낄 수 있고, 소소한 계획들이 누적되는 것을 시각적으로 확인할 수 있어요.

꼭 종이에 적지 않아도 돼요. 블로그에 올려도 되고 비공개 SNS 계정에 쌓아두어도 좋아요. 일단 적기만 하면 돼요. 수업을 진행하면서 '쓰는 활동'에 도전했던 많은 엄마들이, 무언가를 기록하기 위한 시간을 만드는 것 자체가 스스로에게 도움이 되었고, 자신의 마음과 행동에 집중할 수 있는 연습이 되어 좋았다고 했어요. 또한 차곡차곡 누적되는 글이나 기록물들을 눈으로 볼 수 있어서 성취감도 느낄 수 있다고 했어요.

2. 엄마 역할에서 벗어나는 시간을 마련하세요

스위치를 끄듯, 엄마 역할에서 완전히 벗어나는 시간을 만들어보세요. 이제부터 엄마라는 역할에 스위치가 있다고 상상해보세요. 과연 24시간 하루 중에서 엄마 스위치가 완전히 툭 꺼지는 시간은 언제일까요? 아이가 유치원에 간 뒤? 아이가 잠든 뒤? 잘 생각해보면 전혀 그렇게 하지 못하는 엄마들이 많아요. 아이가 없거나 아이가 잠든 후에도 아이의 물건을 사며 시간을 보내거나, 육아서를 읽고, 아이 사진을 정리하는 등 아이와 관련된 일을 하고 있으니까요.

그러면 24시간 중 잠깐도 부모 스위치가 완전히 꺼지는 시간이 없어요. 그런데 부모가 되기 전, 결혼하기 전에는 시간을 어떻게 보냈나요? 그때는 나만의 공간과 시간이 있었죠.

부모로서 자신의 삶을 잘 들여다보세요. 어느새 자신만의 공간을 많이 잃어버렸어요. 엄마가 엄마만의 방, 엄마만의 책상을 갖기 어려운 것이 현실이지만, 물리적인 공간이 사라지면 심리적인 공간도 더불어 사라져요. 부모가 건강한 마음으로 아이를 키우기 위해서는 여유가 필요하고 그 여유를 위해서는 온전히 나 자신만을 위한 공간이 있어야 해요. 그것이 시간이든 실제 공간이든, 스스로 부모 스위치를 완전히 끌 수 있는 상황을 의식해서 만들어야만 합니다.

특정 시간을 확보해도 좋고, 매일 나만을 위한 규칙적인 활동을 만들어도 좋아요. 또는 자투리 공간을 활용해 책상이나 책장을 만

든 뒤, 오직 내 물건만 두고 쓸 수도 있어요. 시간이 생기면 나 혼자 갈 수 있는 아지트 같은 공간을 동네에서 찾아보거나, 나만을 위한 간식을 넣어두는 공간을 만드는 것도 시도해볼 수 있는 좋은 방법이에요. 상담 수업에 참여한 엄마들이 직접 시도해본 엄마 스위치 끄기 활동에는 다음과 같은 것들이 있었어요.

- 내 책상을 만들고 내 물건 올려두기(고정식 책상, 접이식 책상, 부엌 식탁 한 편 등)
- 나만의 시간에 사용할 컵 정하기(커피잔, 맥주잔 등)
- 육아와 상관없는 책 한 달에 한 권 읽기
- 내 시간에는 아이와 관련된 활동 절대 하지 않기(아기 사진 정리하기 금지, 아이 물건 쇼핑 금지)
- 감정 노트나 독서 노트 쓰기

3. 작은 계획 세우기

성취가 가능한 작은 계획들을 세워보세요. 아이를 키우는 중에는 거대한 목표를 세워 실행하는 것은 한계가 있어요. 오히려 큰 목표를 세우고 실패하는 일이 반복되면 '어차피 계획을 세워도 못 지켜'라는 무기력감만 느낄 수 있어요. 성취도 연습이 필요해요. 그러니 조금만 노력해도 실현 가능한 작은 계획들을 많이 세워서, 성취 경험부터 쌓아보세요.

이를테면 이번 주 점심에는 나를 위해 새로운 메뉴 먹어보기, 마음에 드는 볼펜 구입하기 등과 같은 아주 사소한 계획도 성취 대상이 될 수 있어요. 목록을 적어두고 달성한 것은 줄을 그으며 작은 쾌감을 느껴봐도 좋아요. 상담 수업에 참여한 엄마들은 다음과 같은 계획을 세워서 성취 연습을 해보았어요.

- 수요일 점심에 집 근처 식당에서 혼자 밥 먹기
- 주중에 카페에서 혼자 한 시간 보내기
- 영어 단어 열 개 외우기
- 나를 위해 만 원 쓰기
- 오랫동안 신지 못한 구두 신고 외출하기
- 보고 싶던 드라마 정주행하기

리스트를 보면 너무 간단해 보이는 활동이지요? 하지만 아무것도 아닌 듯한 이런 작은 시도가 마음속 큰 변화를 만들어낼 수 있어요. 아이에게 더 좋은 부모가 되는 것도 중요하지만, 우선은 나 자신에게 '좋은 나'가 되어주세요! 그래야 육아를 가볍고 건강하게, 지속적으로, 안정적으로 해나갈 수 있을 테니까요.

◇

부모의 좋은 습관

◇

육아가 삶에 추가되는 순간부터 부모의 하루는 바쁘고 정신없기 때문에 작은 활동일지라도 무언가 새롭게 시작하는 것이 어려울 수 있어요. 그렇다면 일상 속에서 나의 행동을 인지하고 감각을 느끼는 것부터 시도해보세요. '마음 챙김'이라는 명상법으로, 현재 순간을 오롯이 느끼는 거예요. 이를 테면 주방에서 안방으로 이동하는 순간에도 '내가 걷고 있구나' 하고 인지하며 발바닥에 지면이 닿는 감각을 느껴볼 수 있어요. 샤워를 할 때도 정신없이 물만 뿌리고 나오기보다는 물이 몸에 닿는 느낌에 집중해볼 수 있어요. 마음 챙김을 통해, 정신없는 일상 속에서도 잠시나마 내 행동과 생각을 챙길 수 있답니다.

05

아이를 키우며
나를 잃는다고 느껴질 때

부모님들이 느끼는 우울감에 대해 대화를 나누다 보면 빠지지
않고 나오는 말이 있어요.

"선생님, 아이를 키우면서 나를 잃은 것 같아요."
"제가 무엇을 할 수 있는 사람인지, 무엇을 좋아하는지 이제는
기억이 나지 않아요."

부모님들이 갖게 되는 이 마음에 깊이 동의합니다. 특히 아이가
어릴 때는 잠도 못 자고 정신없이 키우느라 미처 깨닫지 못하다가,
아이가 조금 자라고 나면 불현듯 '나는 뭘 했나?' 하는 생각이 더

많이 밀려오는 것 같아요.

그런데 이런 마음은 비단 부모님들에게서만 나타나는 것이 아니에요. 회사에서 만나는 20대 젊은 직원들도 자주 비슷한 이야기를 하거든요. "결혼도 좋고, 아이도 예쁘죠. 그런데 나를 잃어버리게 될까 봐 두려워요." "아이에게 내 몸과 시간을 다 내어줄 생각을 하면 출산하기 정말 싫어요."라고요.

사실 '나' 자신을 챙기며 살기도 바쁜 세상에서 누군가를 돌본다는 것은 정말 버거운 일이기에 너무나 이해가 되는 마음이에요. 문제는 부모님들이 이런 생각이 들 때마다 죄책감도 함께 느낀다는 거예요.

'그래도 내가 부모인데 이런 생각을 해도 되나?'

'당연히 나 자신보다 아이를 소중하게 여겨야 맞는 건데 나는 왜 이렇게 이기적인 생각이 들까?'

'나는 모성애/부성애가 없는 걸까?'

그런데 다시 한 번 생각해볼까요? 이처럼 부모로 사는 것은 정말 나 자신을 잃게 되는 일일까요? 그리고 아이보다 우리 스스로를 더 사랑하는 마음을 가지면 안 되는 걸까요?

아이를 기르며 나를 더 이해하게 돼요

아이를 기르는 일은 나를 잃어버리는 일이 아니에요. 부모가 되고 안 되고의 여부와 상관없이 우리는 나 자신을 잘 모르고 있을 가능성이 아주 높아요. 그러니까 아이 때문에 나를 잃는 것이 아니라 애초에 잃을 '나' 자체가 별로 없는, 웃기면서 슬픈 상황이지요.

내가 누구인지 안다, 내가 무엇을 원하는지 안다고 확신할 수 있는 사람은 사실 거의 없어요. 왜냐하면 우리는 나 자신을 충분히 탐구할 기회가 없이 어른이 되고 부모가 되었기 때문이에요. 혹여 그 과정에서 나 자신을 다면적으로 살펴보고 약점을 직면하며 강점을 발견할 기회가 있었다 해도, 바쁘거나 불편하다는 이유로 얼마든지 피할 수 있었어요. 그 상황으로부터 도망쳐도 되고, 안 하면 그만이니까요.

저와 상담했던 어떤 부모님은 이렇게 말씀하신 적이 있어요. "저는 제가 굉장히 내향적인 사람이라고 생각했거든요. 그런데 아이 낳고 갇혀 지내면서 제가 생각보다 매우 외향적이라는 것, 심지어 관계 지향적인 사람이라는 것을 깨달았어요. 너무 당황스러웠어요."라고 말이에요. 그렇기에 오히려 부모로 지내는 시간은 본격적으로 나에 대해 이해하게 되는 기회가 될 수 있어요.

육아를 하다 보면 생전 처음 경험하는 상황과 수시로 마주하게 돼요. 다른 일이면 그만두거나 어디 도망을 가는 선택이라도 할 수 있죠. 부모라는 역할은 그러한 옵션이 아예 없어요. 시작했기에 반드시 지속해야 하는 일이지요. 도망갈 수 없는 절박한 상황, 내가 자연스럽게 누리던 모든 것이 제한되는 상황, 24시간 내내 피할 수 없는 밀착된 관계. 이러한 상황은 우리로 하여금 역으로 내가 가장 힘들어하는 결핍이 무엇인지, 나를 만족시키는 것이 무엇인지 깨닫게 하는 기회가 된답니다.

이전에는 완전한 비혼주의자였지만 지금은 아이 둘을 키우는 어느 부모님이 저에게 이렇게 말씀하신 적이 있어요. 자기는 사람을 가까이 두는 것을 싫어한다고 생각해서 결혼과 출산을 꺼렸던 건데, 오히려 아이 둘을 낳고 나서야 그동안 자신이 가장 원했던 것은 밀착되고 안정적인 관계였다는 것을 깨달았다고 말이에요.

한편 부모가 되기 전에는 미처 깨닫지 못했던 자신의 상처와 그 상처가 미치는 영향을 아이를 키우며 알게 되기도 해요. 상담으로 만났던 부모님 중에 두 남매를 둔 엄마가 있었어요. 이 엄마는 둘째 아이가 더 말썽을 부리고 힘들게 하는데도 불구하고 이상하게 자꾸 첫째인 딸을 더 혼내게 된다고 고민하셨어요. 상담을 진행하며 알게 된 사실은 성장하면서 입었던 엄마 본인의 상처가 아이에게 그대로 전달되고 있다는 것이었어요.

어린 시절 친정엄마가 유독 남동생을 예뻐했고, 본인은 뭐든지 스스로 해야 했대요. 심지어 동생을 잘 돌보고 챙겨야 했지요. 그런데 본인이 엄마가 되어서 보니, 딸은 나의 어린 시절과 다르게 동생을 잘 돌보지 않고 철없이 행동하는 거죠. 그때마다 엄마는 딸이 얄미웠고, 그런 마음이 차별하는 행동으로 나타나고 있었어요. 이 엄마는 자신이 부모가 되기 전까지는 친정엄마가 주었던 상처가 마음에 남아 있었는지도, 계속 나의 삶에 영향을 미치고 있었다는 사실도 몰랐다고 했어요. 아이를 대하는 태도나 방법을 배우는 것이 전부가 아니라, 아이를 바라보는 마음에 영향을 미치는 부모 자신의 결핍과 상처를 깨닫는 것이 중요했던 케이스였죠.

육아란 나를 발견해줄 관계를 내 삶으로 초대하는 일

나를 알고 발견하는 작업에는 반드시 '타인'이 필요합니다. 혼자 골똘히 자신을 들여다보거나 심리학 책을 쌓아놓고 읽는다고 해서 되지 않아요. 즉, 나에 대한 배움이 있으려면 누군가와 맞닿고 부딪히는 면적이 필요해요. 타인이 나에게 영향을 미치고 내가 타인에게 영향을 주는 것을 깨달으며 '나'의 마음과 생각이 더욱 또렷해지지요.

그러한 의미에서 육아 현장은 나를 이해하게 되는 최적의 배움터

입니다. 나의 일부 같이 느껴지지만 그럼에도 타인인 아이와 마음을 맞대며, 진짜 나의 결핍과 필요를 깨닫게 되니까요. 그렇기에 아이를 낳고 기르는 일은 나를 잃는 것이 아니라 오히려 나를 발견하게 하는 '관계'를 '내 삶으로 초대하는 일'일 수도 있지 않을까 합니다.

만약 아이와의 관계에서 어떠한 불편함이 느껴질 때, '아냐, 난 힘들면 안 돼. 좋은 부모는 이러는 거 아니야.' 하고 감정을 억누르고 있다면, 바로 그 행동을 멈추세요. 자신의 솔직한 마음을 거부하지 않고, "아, 나는 이게 힘들구나." "나는 이런 상황을 외로워하는구나." 하고 인정할 수 있어야 그다음 단계로 넘어갈 수 있답니다. 감정을 억압하는 대신 인정하면, 그 불편함은 나의 필요를 깨닫게 해주는 단서가 돼요. 가령 외로움이 힘들다면, 나는 외롭지 않음을 필요로 하는 사람인 것이지요.

그러고 나서는 무엇이든 작은 것이라도 실행해보시길 권해요. '이게 정답이 아니면 어쩌지?' '이게 맞나?' 하는 생각은 끝이 없어요. 정답 대신 근사치를 찾기 위해 실험한다고 생각하면 모든 실행이 좀 더 가벼워질 거예요. '나에게 이렇게 해주면 좀 나아질까?' 하고 가설을 세워보는 거죠. 일단 해봐야 '아! 이건 생각보다 도움이 안 되네.' 또는 '어? 잠깐이라도 동네 한 바퀴 혼자 드라이브 하니까 기분이 나아지네?' '지금 이게 필요한 거 맞구나!' 하고 나에게 맞는 해결책에 가까워지게 된답니다.

아이를 기르며 나를 더욱 존중하고 사랑하게 돼요

또한 아이를 기르는 일은 나를 이해하는 일에서 더 나아가 이전보다 나를 더욱 사랑하게 되는 기회가 될 수 있어요.

많은 사람들이 자기 자신을 사랑한다는 것에 대해 동의하면서도 동시에 불편함을 느껴요. 특히 부모님들의 경우, '나를 사랑해야 아이를 사랑할 수 있다'는 말에 공감하지만 그럼에도 '아이를 더 사랑해야 맞는 거 아닌가?' 하는 혼란스러움에 빠지지요.

앞서 아이의 심리를 이야기하면서, 모든 아이는 자기를 최고라고 여기며 뽐내는 '정상적인 자기애'의 단계를 경험한다고 했어요. 이렇게 자신에게 푹 빠진 단계가 충분히 있어야 다른 대상을 건강하게 사랑하고 관계를 맺어가는 힘이 생기지요. 심리학자 코헛은 여기에 또 한 가지 노선을 강조했어요. 바로 나 자신을 존중하고 사랑하게 되는 '성숙한 형태의 자기애'로 발달하는 과정을요. 이전에 경험했던 유아적인 자기애가 아니라 진짜 성숙한 형태의 자기존중의 상태죠.

성숙한 자기애란 창의적인 활동이고, 타인의 심리경험을 공감할 수 있는 능력이며, 인간으로서 자신이 가지는 유한성을 알고, 유머 감각을 지니며, 미숙한 자기애를 극복하면서 자신의 한계를 깨닫게 되는 지혜라고 코헛은 자기심리학을 통해 이야기합니다.

그렇기에 모든 사람에게 있어 자기애는 제거해야 하는 나쁜 것이 아니라 꼭 발달시켜야 하는 정상적인 요인이라고 볼 수 있어요.

더불어 코헛은 '가까운 타인과의 관계'가 자기애의 성숙한 발달을 위해 꼭 필요하다고 말했어요. 우리가 부모로 사는 시간은 그 어느 때보다 '밀접한 타인'과 함께하는 시간이에요. 처음에는 부모로서의 역할이 서툴고, 아이와의 관계가 어색하거나 불편하게 느껴질 수 있어요. 하지만 아이를 키우며 우리는 이전보다 더욱 많은 경험을 하게 돼요. 나 자신을 공감해주고 토닥여줘야 하는 상황도 경험하고, 아이를 통해 나의 한계를 깨닫게 되기도 하지요. 이전에는 자기 자신이나 타인을 공감하기 위해 애쓰지 않던 사람도, 부모가 되고 나면 공감을 배우고 연습하기 위해 노력합니다. 이로 인해 타인의 마음을 조망하는 것을 배우게 되지요.

물론 어린 시절에 부모와 어떠한 관계를 맺었는가에 따라 각자가 가지고 있는 마음의 자원은 조금씩 다를 수 있어요. 중요한 것은 아이와의 관계를 통해 우리 내면의 결핍을 발견하고, 그것을 채우기 위해 노력하게 된다는 점이에요. 그 자체가 아이를 위한 것 같지만 사실은 나 자신을 더욱 성숙하게 사랑하는 과정이 되는 것이지요. 그렇게 바라보면 아이는 더없이 고마운 존재이고, 아이를 키우는 시간은 고달픔만이 전부가 아니라 삶을 더욱 풍요롭게 만드는 시간이 될 수 있어요. 아이를 통해 이전보다 더욱 나를 이해하고 사랑하는 기회가 여러분 모두에게 있기를 바랄게요.

◇

부모의 좋은 습관

◇

아이를 키우다 보면 세상은 빠르게 바뀌는데 나만 너무 뒤처지는 것 같고, 내 자신을 잃어가는 것처럼 느껴질 때가 있어요. 이러한 마음을 오래 가지고 있으면 아이를 대하는 태도에 부정적인 영향을 주고, 부모의 죄책감으로 이어질 수 있어요. 이럴 때는 먼저 부모가 아닌 '내가 원래 좋아하던 것은 무엇이었을까?'를 생각해보세요. 아이를 키우며 잊고 있었던 음악이나 영화, 또는 좋아하는 소설가가 떠오를 수 있어요. 잠시나마 아이가 아닌 내가 좋아하는 것을 떠올려 보는 것만으로 좋은 에너지가 된답니다. 두 번째는 '부모가 되고 나서 나에게 새롭게 생긴 능력, 또는 좋은 점은 무엇일까?'를 생각해보세요. 나 자신을 생각할 틈도 없이 힘들게 아이를 키워온 시간이지만, 그럼에도 불구하고 인내심이 많아졌거나 외로움이 적어졌거나 나중에 해보고 싶은 일이 떠올랐거나 등 분명히 새롭게 얻게 된 부분이 있을 거예요. 이렇게 발견한 내용을 어딘가에 적어보는 것을 추천해요. 나의 성장을 볼 수 있는 좋은 기록물이 될 거예요.

06

다른 부모와
비교될 때

내 아이만 보면서 키울 때는 괜찮았는데, 주변 부모들의 이야기를 듣거나 다른 사람들의 SNS를 보면 가끔 기운이 빠지는 느낌도 들어요. '다들 이렇게 잘하는구나.' '아이에게 다양한 경험을 시켜주는구나' 하는 생각도 들고요. '우리 아이는 내가 부지런하지 못해서 손해를 보고, 많은 경험도 하지 못하는 건 아닐까?'라는 울적한 마음이 들기도 하지요.

부모 교육 중 많은 엄마들이 이와 비슷한 경험이 있다고 털어놓곤 해요. 성격이 차분한 엄마들은 에너지가 많고 적극적인 엄마를 보면서 부러워하고, 자유분방하고 편하게 아이를 키우는 엄마들은 꼼꼼하고 계획적인 엄마들을 보면서 아이에게 미안함을 느끼죠.

자신의 부족함을 보완하기 위해 적당히 노력하는 건 좋지만, 자꾸 다른 사람과 스스로를 비교하다 보면 육아효능감까지 낮아지는 경우도 있어요.

부모 역할을 잘할 수 있다는 믿음

육아효능감이 높아야 양육 태도에 권위가 생기고 육아 스트레스도 적게 느낀다고 해요. 반면에 육아효능감이 낮으면 아이와의 관계나 현재 자신의 육아 방식에 대한 확신이 부족해 계속 우울한 기분을 느끼거나 육아가 과도한 스트레스처럼 생각될 수도 있어요.

특히 요즘처럼 SNS가 활발한 시기에는 다른 사람의 모습을 볼 기회가 많아져 나도 모르게 다른 사람과 비교하게 되고 필요 이상으로 부정적인 생각을 할 수도 있어요. 그런데 많은 엄마들과 아이의 상호 작용을 분석하고 육아 상담을 하다 보면, 장점이 없는 엄마는 단 한 명도 없었어요.

누구든 원래 자신이 가지고 있는 특성 중에서 아이에게 긍정적인 영향을 주는 면이 적어도 한 가지씩은 있어요. 아무리 육아를 어려워하고 아이와의 상호 작용에 자신 없어 하는 부모라고 해도 말이에요. 세상에는 다양한 사람이 있고, 또 다양한 부모들이 있어요. 엄마들 역시 저마다 부모로서 갖는 강점이 있고요. 그래서 이제부터 사람들이 가장 많이 알고 있고 구분하는 성격 유형을 통해 각각 부모들이 가진 강점에 대해 이야기를 해볼게요.

외향적인 부모, 내향적인 부모 둘 다 좋아요

성격 유형을 다양하게 나눌 수 있지만, 대표적으로 외향형과 내향형으로 나눌 수 있어요. 외향, 내향이라는 것은 단순히 성격이 사교적인가, 사교적이지 않은가가 아니라 활동 에너지를 어디서 얻는가를 의미해요.

외향적인 사람은 에너지를 외부에서 얻어요. 사람들을 만나고 몸으로 경험해야 에너지가 차오르는 것을 느끼죠. 반대로 에너지를 내부에서 얻는 사람은 외부와의 접촉 시간이 길어지면 에너지가 소진돼요. 이런 사람들은 혼자서 고요하게 시간을 보내며 에너지를 다시 충전해야만 해요.

물론 한 사람의 성격을 정확하게 외향성과 내향성으로 나눌 수 있는 건 아니에요. 한쪽 성향이 도드라지는 사람도 있지만 양쪽 모두 비슷하게 나타나는 사람도 있으니까요. 하지만 자신이 어떠한 특성에 가까운지 알아두면 육아할 때 아주 유용해요.

이를테면 내향적인 엄마가 자신의 특성을 모른다면 에너지 충전을 위해 혼자만의 시간이 꼭 필요하다는 것도 잘 모를 수 있어요. 그래서 어느 날은 아이를 어린이집에 보낸 후 동네 엄마들과 하원 시간 직전까지 수다를 떨면서 기운을 다 빼버리고 말았어요. 정작 오후가 되어 아이를 다시 만날 때는 이미 자신의 에너지를 소진한 상태니 저녁 시간에 아이를 보는 것이 치지고 힘들 수 있어요. 이처럼 자신의 성격적 특성을 이해하게 되면, 자기 자신을 어떻게 돌보고 시간을 보내야 하는지 알 수 있어요.

보통 내향적인 부모는 외향적인 부모보다 육아를 더 힘들게 느낄 수 있어요. 어찌되었건 아이도 타인인데, 늘 함께 복닥거려야 하니까요. 시간과 상황의 제약이 많다 보니 스스로를 돌볼 혼자만의 시간이 부족해 정신적으로 지칠 수도 있어요.

하지만 이런 성향의 부모는 아이의 세계를 존중해줄 힘이 있어요. 자녀의 고요한 시간을 지지하고 혼자서 생각하는 아이의 속도를 잘 기다려주죠. 아이를 하나의 인격체로 보고 존중하는 것, 아이에게 침착함을 보여줄 수 있는 것도 내향적인 엄마의 장점이에요.

외향적인 성향의 부모는 어떨까요? 외향적인 엄마는 외부와의 접촉이 적어지면 에너지를 충전하지 못해서 힘들어질 수 있어요. 또한 아이와의 관계에 있어서 아이가 지키고 싶어 하는 자신만의 경계를 불쑥 넘어서거나 지나치게 통제할 수도 있지요.

그러나 외향적인 부모는 여러 세상을 경험하는 것을 편하게 생각하기에 아이에게도 많은 경험과 자극을 줄 수 있어요. 또한 아이와 수월하게 상호 작용할 수 있고, 그 과정에서 다양한 사회적 기술을 자연스럽게 알려줄 수 있다는 장점을 가지고 있어요.

직관적인 부모, 감각적인 부모 둘 다 좋아요

이건 무엇을 그린 걸까요? 무엇으로 보이나요?

어떤 사람은 파란색 상자에 노란색 점이 그려져 있다고 설명할 거예요. 어떤 사람은 귀여운 느낌의 상자지만 어딘지 모르게 수상한 기운이 느껴진다고 말할 수도 있어요.

같은 그림을 봐도 사람마다 '어떻게 인지하는가'가 달라요. 눈에 보이는 구체적이고 사실적인 정보부터 보는 사람이 있고, 자신만의 직관적인 느낌으로 접근하는 사람도 있죠.

구체적이고 객관적인 정보를 인지하는 사람은 숲 전체를 보기보다는 '나무' 한 그루 한 그루의 특성에 집중하지요. '와~ 이 숲 너무 느낌이 좋다!'라고 인지하기보다는 '이 나무는 나뭇잎이 참 독특하게 생겼다'라는 구체적인 정보를 잘 인지해요. 이런 유형을 '감각형'이라고 해요.

감각형 부모는 육아 정보를 찾고 육아에 대한 도움을 받을 때도 최대한 객관적이고 구체적인 것을 선호해요. 이런 부모들은 분명하게 해야 할 것을 제시하는 육아 정보에 더 시원함을 느껴요. 이런 부모는 아이의 욕구를 잘 돌보고, 먹고 입히는 것 등 실질적인 것들을 잘 챙길 수 있어요. 아이에게도 다양한 감각 체험을 제공하고, 실제로 활용할 수 있는 지식을 잘 가르쳐줘요. 늘 매 순간 집중해서 최선을 다하는 편이라고 할 수 있어요.

한편 이런 감각형 부모에게는 아이의 장황한 말과 상상력이 모호하고 지루하게 느껴질 수 있어요. 아이의 말을 이해해보려고 노력은 하지만, 정말로 이해가 되는 건 아니다 보니 아이와의 대화가 즐겁게 느껴지지 않을 가능성도 높아요. 또한 아이들의 엉뚱하고 상식을 벗어난 행동이나 표현이 불편하게 느껴질 수도 있지요.

반면 전체적인 느낌을 중요하게 생각하는 '직관형' 부모는 나무보다 전체적인 '숲'의 느낌을 바라보는 유형이에요. 직관형 엄마들은 사실에 근거하기보다는 상상과 느낌에 집중하는 편이죠. 따라서 육아 정보를 찾을 때도 구체적인 정보가 나열된 것보다는 자신과 느낌이 맞는지도 중요하게 여겨요. 한 가지 정보에 매이기보다는 새로운 정보나 다른 접근 방법은 없는지 살펴보려고 하죠.

그래서 직관형 부모는 복잡해 보이는 문제도 갑자기 스쳐지나가는 생각이나 통찰력에서 반짝하고 아이디어를 얻어 해결하는 경우가 있어요. 아이가 보여주는 독특한 잠재력을 발견하고 세세한 특징도 지지해주는 편이고요. 양치질처럼 아이가 싫어하는 반복적인 일상을 상상력을 활용해 즐겁게 바꿔주기도 하고, 아이와 놀이할 때도 아이의 생각을 잘 지지해주는 좋은 놀이 상대자가 되기도 해요.

한편 단순하면서도 소소한 일상이 반복되는 육아를 힘들게 느끼기도 해요. 생각이 가끔씩 멀리 가기도 하니, 지금 이 순간 아이와 함께 있는 상황에 집중하는 걸 힘들어해요. 또 아이에게 무언가를 가르쳐주거나 규칙을 정할 때, 섬세하게 구체적으로 설명하는 것이 어려울 수 있어요.

감정적인 부모, 사고적인 부모 둘 다 좋아요!

무언가를 판단하고 결정하는 것도 성격 특성에 따라 분명히 달라져요. 논리적인 판단으로 의사결정을 하는 '사고형' 부모는 아이에게도 문제를 분석하고 해결하도록 가르치는 데 유리하고, 아이가 스스로 사고하고 해내도록 격려하는 것을 잘해요. 그러다 보니 아이를 독립적인 존재로 존중하는 것이 자연스럽고, 아이의 실질적인 능력을 키우고 성취를 이루도록 도울 수 있다는 강점이 있어요.

반면, 다소 감정적이고 비합리적일 수밖에 없는 아이의 특성을 비난하지 않고 이해해주기 위한 노력이 필요해요. 또한 아이에게 독립성뿐만 아니라 애정을 주고, 따뜻한 정서적 상호 작용을 나누는 것을 놓치지 않도록 신경 쓸 필요가 있어요.

반면 관계와 감정에 의해 의사결정을 내리고 판단하는 '감정형' 부모는 아이가 가지는 느낌과 관심에 민감한 편이에요. 아이와의 관계에서 친밀감과 상호 작용을 중요하게 여기고, 아이의 욕구를 잘 채워주는 편이죠. 감정형 부모의 아이들은 부모를 따뜻하고 기댈 수 있는 언덕으로 느끼기 쉽고, 부모를 통해 타인과 협력하고 친밀하게 관계 맺는 것을 배울 수 있다는 장점이 있어요.

하지만 한편으론 아이와 자신을 과하게 밀착시키기 때문에 아이의 독립적인 사고를 지지하기 어려울 수도 있어요. 또한 훈육이나 분명하게 경계를 두어 가르쳐야 하는 걸 어려워하거나, 훈육 후 심하게 불편해하기도 하지요. 또 부모라고 해도 아이에게 늘 친절할 수 없고, 채워줄 수 없는 부분이 있을 수 있는데 이에 대해 과도하게 미안해하기도 해요. 따라서 감정형 부모들은 아이뿐만 아니라 부모 자신의 욕구에 대해서도 관심을 가지고 스스로를 돌보는 시간을 가져야 해요.

판단형 부모, 인식형 부모 둘 다 좋아요!

외부로부터 오는 다양한 자극을 구조화하는 방식도 사람에 따라 달라요. 이 부분은 융통성이 있는 생활양식과 보다 계획적인 생활양식으로 나누어 살펴볼 수 있어요.

'판단형' 부모는 어떤 것을 행할 때 미리 준비하고 계획하며 조직화하는 것을 선호해요. 반면 '인식형'은 무언가를 지나치게 계획하고 정해진 방식대로 진행하기보다는 융통성 있고 유연하게 대처하는 걸 선호하며, 예기치 못한 흐름도 좋아해요.

판단형 부모의 경우, 학교를 다니거나 직장생활을 할 때도 항상 계획하고 준비한 것을 차근차근 처리하는 방식으로 살아왔을 가능성이 높아요. 그런데 육아는 이전에 했던 일들과 달리 분명하게 계획하고 준비할 수 없는 상황도 많지요. 그래서 이전에 느꼈던 통제감을 충분히 느끼지 못해 육아 그 자체를 괴로워할 수 있고 스트레스도 높을 수 있어요. 아이의 소란스러움과 어수선함, 끊임없이 이어지는 가사와 육아 그리고 예기치 못한 상황에서 발생하는 다양한 변수들은 판단형 부모에게 굉장히 어려운 상황이 될 수 있어요. 계획 없이 즉흥적으로 행동하는 아이의 고유한 특성도 이해해주기 힘들고요.

반면에 아이를 키우면서 필요한 다양한 것들, 준비물, 일상생활을 계획하거나 챙겨주는 건 잘할 수 있어요. 또한 일상생활의 규칙을 가르치거나 훈육을 할 때도 체계적으로 준비해 명확한 기준으로 통제하는 편이지요. 그러다 보니 아이도 이러한 부모를 통해 자신의 삶을 규모 있게 계획하고 실행해나가는 것을 자연스럽게 배울 수 있다는 장점이 있어요.

반면 인식형 부모의 경우, 즉흥적이고 유연한 삶의 방식을 선호하기에 변수가 많은 육아 상황에서 상대적으로 스트레스를 덜 받는 편이에요. 자신의 이러한 특성을 반영하여 아이에게도 무언가를 강요하거나 제한하려고 하지 않는 편이죠. 특별한 계획이나 도구 없이도 아이와 즉흥적으로 시간을 잘 보낼 수 있고요. 부모가 해야 할 것이 있을 때 아이가 방해한다고 해도, 판단형 부모에 비해 스트레스를 덜 받고 보다 유연하게 상황에 대응할 여유가 있는 편이에요.

하지만 아이를 체계적이고 계획적으로 챙겨주고 보살펴주어야 하는 일에는 약할 수 있어요. 놓치거나 까먹는 일들도 많고, 아이를 제때 등원시키거나 학교 숙제를 마치게 하는 일들이 힘들 수 있어요. 이러한 부모의 양육 방식 때문에 상대적으로 아이들이 규모 있게 삶을 꾸려나가는 걸 배울 기회가 적어질 수 있지요.

부모로서 내가 가진 강점부터 보세요!

아이를 키우며 부모로서 부족한 부분을 발견해서 성장시키려는 노력을 하는 건 중요해요. 하지만 아이를 키우다 보면 나의 행동이 아이에게 고스란히 영향을 미치는 걸 알기 때문에, 다른 부모의 좋은 점과 자꾸 비교하게 되죠.

여기에서는 부모로서의 강점을 쉽게 이해할 수 있게 여러 요인으로 나누어 설명했지만, 사실 이렇게 설명하지 않아도, 모든 부모는 아이에게 긍정적인 영향을 미치는 강점을 각각 가지고 있어요.

우리는 항상 노력하지만 더 완벽한 부모가 되라고 요구하는 세상에서 살고 있어요. 그렇기에 자신의 부족한 부분을 자책하기보다는, 내 강점을 발견하고 스스로를 격려하는 노력이 더 필요한 게 아닐까요? 아이에게 가장 중요한 것은 숙련된 육아 기술이 아닌, 행복하고 건강한 마음으로 사랑을 해주는 부모라는 따뜻한 환경이니까요.

◇

부모의 좋은 습관

◇

육아 자신감이 떨어질 때는, 내 성격 특성 중에서 일을 하거나 육아를 할 때 강점이 되는 부분을 생각해보세요. 예를 들어 '나는 감정 표현이 크지 않지만, 대신 욱하는 경우가 별로 없어'라거나 '나는 산만한 편이지만, 그래서 아이에게 흥미로운 걸 많이 보여줘' 같은 걸 생각하는 거죠. 또한 가까운 육아 동지들을 떠올려보며 그들이 가진 부모로서의 장단점을 객관적으로 생각해보는 것도 도움이 돼요. 정형화된 '좋은 엄마'가 아닌 '나답게' 육아하는 방법을 찾는 것을 목표로 해요.

07

아이에게 죄책감이
느껴진다면

"선생님은 이런 일을 하시니까 아이에게도 잘해주시겠죠? 화도
안 내고 말이에요."

엄마들에게 이런 질문을 정말 많이 받아요. 그럴 때마다 저는
"어머, 그럴 리가요…."라고 대답하며 제가 얼마나 완벽하지 못한
엄마인지 열심히 설명을 덧붙이곤 해요.

세상에 완벽한 부모, 완벽한 엄마가 절대로 있을 수 없다는 걸
알면서도 때때로 완벽한 모습을 그리며 스스로를 미워하는 엄마
들이 있어요. 아이가 원하는 것을 알아차리지 못할 때, 아이가 버
겁게 느껴지고 엄마 노릇을 그만두고 싶을 만큼 화가 날 때, 내 아

이지만 예뻐 보이지 않을 때, 내가 왜 엄마가 되어 이렇게 살고 있나 후회스러운 마음이 들 때, 아이가 아닌 일이나 또 다른 것을 선택하게 되었을 때, 참다 참다 아이에게 소리를 지르며 자신의 감정을 폭발시켰을 때, 큰 죄책감이 밀려오곤 합니다. "나는 정말 형편없는 엄마야."라는 자책과 더불어, 할 수만 있다면 완벽하게 좋은 엄마가 되고 싶다는 생각을 하게 되죠.

완벽한 엄마는 정말 아이에게 좋을까?

인공지능으로 인간의 모든 영역이 지배받는 세상을 그린 영국 드라마 〈휴먼〉에서, 아빠는 늘 바쁘고 정신없고 실수투성이인 엄마의 빈자리를 채우기 위해 미녀 로봇을 구입합니다. 미녀 로봇은 아침식사도 훌륭하게 차리고 가족들에게 필요한 일도 절대로 잊지 않지요. 짜증도 화도 내지 않아요. 그런 미녀 로봇을 가족 모두가 좋아하게 되고 그 모습에 엄마는 큰 위기감을 느껴요. 심지어 아이들조차 미녀 로봇을 엄마보다 더 많이 찾거든요. 미녀 로봇은 다그치지 않고 서두르지 않으니까요.

요리나 살림도 잘 못 하고, 늘 서두르고 정신없는 저는 그 장면을 보며 두려운 마음이 들었어요. '만약 로봇이 엄마 역할을 대체

한다면 난 망했어'라는 생각이 들더라고요. 완벽한 로봇 엄마와 나는 비교도 될 수 없으니까요. 그런데 만약 정말로 완벽한 로봇 엄마가 있다면, 그 엄마가 아이의 필요를 정확하게 알고 채워주며, 언제나 화내지 않고 늘 상냥하다면 그 완벽한 로봇은 아이에게 정말 좋은 엄마가 될 수 있을까요?

부모에게 실망할 때 아이는 성장해요

사실 세상에 태어나 처음 얼마간은 아이의 욕구를 알아채고 민감하게 반응해주는 '완벽한 엄마'가 아이에게 필요해요. 하지만 이 완벽한 엄마는 열심히 노력해서 얻어진 것이 아닌 자동적으로 이루어지는 모습이지요. 위니콧은 이것을 '일차적 모성 몰두Primary maternal preoccupation'라고 부르며 엄마가 비정상적으로 아이에게 몰두해 아이의 필요를 민감하게 인지하는 시기라고 설명했어요.

왜냐하면 세상에 태어난 직후 아이는 자신의 존재를 세상과 분리해서 단독으로 인지하지도 못하며, 당연히 엄마라는 타인의 존재를 인지하지도 못해요. 그래서 배고프고 졸리고 불편할 때 누군가가 불편함을 해결해주면 아이는 만족감과 함께 전능감을 느끼죠. 이런 완벽한 모성의 반응을 통해(위니콧은 모성이 꼭 여성인 엄마를 의미하는 건 아니라고 했어요) 자신과 세상에 대한 신뢰감을 갖게 되는 절대적인 의존의 시기를 보내게 된답니다.

그런데 시간이 지나면서 아이는 외부 세계와 자신을 구분하게 되고, 엄마라는 타인의 존재도 이해하게 돼요. 하지만 더 이상 엄마는 일차적 모성 몰두 기간처럼 아이에게만 몰두하는 완벽한 상태에 계속 머물 수 없어요. 엄마는 다시 정상적인 상태로 돌아오고 어쩔 수 없이 아이를 좌절시키고 실망시키게 되지요. 아이의 욕구에 반응해주지 못할 때도 있고, 엄마도 현실적인 피로로 한계에 다다르게 되니까요.

하지만 위니콧은 양육자에게 느낀 이 실망감으로 인해 아이가 무너지는 것이 아니라 오히려 아이가 자신을 독립적인 존재로 인지하기 시작한다고 보았어요. 적절하게 실망을 주는 엄마가 오히려 아이를 성장시키는 셈이지요. 이것이 바로 절대적 의존기에서 상대적 의존기 그리고 독립에 이르는 과정이에요.

아이의 독립 과정

"내가 최고야"	→	"우리 엄마가 최고야"	→	"엄마도 사람이구나"
절대적 의존기		**상대적 의존기**		**독립**

내 마음이 아이를 떨어뜨리는 때가 없을 수는 없다

대학원 때 공부했던 위니콧의 정신분석학 책을 부모가 되어 다시 읽으면서 '내 마음이 아이를 떨어뜨리는 때가 없을 수는 없다'는 문장이 와닿고 많은 위로가 되었어요. 늘 아이를 품에 소중히 안고 있고 싶은 것은 부모의 바람이라지만, 매 순간 늘 따뜻하게 품어주지 못하고 가끔은 밀어버리는 실수를 할 수밖에 없으니까요. 그런 부모에게 '부모의 마음이 아이를 늘 품고 있을 수는 없다'라는 이야기는 굉장한 안도감을 주지요.

모든 부모는 아이에게 완벽한 부모가 되기를 갈망하지만 위니콧은 오히려 '완벽함은 무의미하다'라고 이야기해요. 부모의 사랑은 완벽할 수 없고 부모도 인간인지라 당연히 그 안에는 소유욕, 식욕과 미움도 있을 수 있으며, 사생활과 피곤함, 나약함도 존재하니까요.

하지만 부모의 이런 나약함은 흠이 아니에요. 오히려 아이에게는 실패하는 엄마가 필요해요. 만약 로봇처럼 완벽한 엄마가 있다면 아이는 완벽한 돌봄 때문에 자신을 독립적인 존재로 분리할 수도 없고 세상과 소통해야 할 필요성도 느끼지 못할 거예요. 부모는 완벽하지도 않고 나를 때때로 실망시킨다는 것을 깨달아야 아이는 비로소 외부 세계로 나갈 수 있게 되니까요.

이러한 의미에서 위니콧은 아이에게 필요한 엄마는 실수하지 않는 엄마, 아이를 실망시키지 않는 훌륭한 엄마, 헌신적으로 아이의 필요를 채우는 완벽한 엄마가 아니라 '충분히 좋은 엄마good enough mother'라고 이야기했어요. 이것은 자연스러운 흐름에 따라 물리적으로 그리고 심리적으로 아이를 안아줄 환경을 제공하는 엄마라면 충분히 좋다는 의미입니다.

위니콧의 '충분히 좋은 엄마'라는 개념은, 제가 엄마가 되어 부모 노릇을 하는 내내, 조바심이 나고 죄책감이 들 때마다 마음을 다잡게 해주었어요. 위니콧은 부모의 역할을 너무 막중한 일로 생각하면 오히려 부모의 역할이 부자연스러워지고 좋은 부모가 되는 게 더 어려워진다고 했어요. 그 덕분에 저는 과도한 목표는 세우지 말고 나답게 자연스러운 육아를 하자는 다짐을 하게 되었죠.

제가 그동안 상담 현장에서 만났던 엄마들은 각자 가진 강점이 있었고, 자연스러운 모성의 흐름에 따라 아이의 필요를 채우고, 때로는 아이에게 적절한 좌절감을 주며 아이와 함께 성장하고 있었어요. 아이를 키우며 완벽을 추구하려는 욕심이 생기고 조바심이 날 때마다 위니콧의 '충분히 좋은 엄마' 의미를 떠올린다면 지금보다 더 건강하게 자신의 마음을 다잡을 수 있을 거예요.

◇

부모의 좋은 습관

◇

아이를 실망시키거나 아이에게 실수한 뒤에 너무 자책하지 마세요. 아이에게 실수한 부분에 대해 솔직하게 이야기하고 미안한 마음을 제대로 표현하는 것도 아이에게 좋은 교육이 돼요. 잘못을 인정하고 실수를 수습하며 스스로를 수용하는 부모를 보며, 아이도 누구나 실수할 수 있다는 것과 실수한 뒤 마음을 추스르고 극복하는 방법을 배우게 된답니다.

참고 도서

《내 아이를 위한 사랑의 기술》 존 가트맨, 남은영 지음 | 한국경제신문

《대상관계 가족상담》 송정애 지음 | 양서원

《발달심리학》 로버트 시글러 외 지음 | 시그마프레스

《발달심리학: 아동기를 중심으로》 곽금주 지음 | 학지사

《성격유형과 자녀양육태도》 자넷 펜리 외 지음 | 심혜숙 옮김 | 한국심리검사연구소

《울타리와 공간: 도날드 위니캇의 정신분석학》 마델레인 데이비스, 데이빗 월브릿지 지음 | 이재훈 옮김 | 한국심리치료연구소

《유아의 심리적 탄생: 공생과 개별화》 마가렛 S. 말러 외 지음 | 이재훈 옮김 | 한국심리치료연구소

《프로이트 이후: 현대정신분석학》 스페탄 밋첼, 마가렛 블랙 지음 | 이재훈 옮김 | 한국심리치료연구소

《하인즈 코헛의 자기심리학 이야기》 홍이화 지음 | 한국심리치료연구소

《mbti 16가지 성격유형의 특성》 김정택 지음 | 어세스타

《Meta Emotion: How Families Communicate Emotionally》 John Mordechai Gottman, Lynn Fainsilber Katz, Carole Hooven 지음 | Routledge

아이 마음에 상처 주지 않는 습관

Habits That Don't Hurt Children's Feelings

초판 1쇄 발행 · 2019년 5월 28일
개정판 1쇄 발행 · 2023년 4월 28일
개정판 2쇄 발행 · 2023년 5월 30일

지은이 · 이다랑
발행인 · 이종원
발행처 · (주)도서출판 길벗
출판사 등록일 · 1990년 12월 24일
주소 · 서울시 마포구 월드컵로 10길 56(서교동)
대표 전화 · 02)332-0931 | 팩스 · 02)323-0586
홈페이지 · www.gilbut.co.kr | 이메일 · gilbut@gilbut.co.kr

기획 · 황지영 | 책임편집 · 이미현(lmh@gilbut.co.kr) | 제작 · 이준호, 손일순, 이진혁, 김우식
마케팅 · 이수미, 장봉석, 최소영 | 영업관리 · 김명자, 심선숙, 정경화 | 독자지원 · 윤정아, 최희창

디자인 · 어나더페이퍼 | 일러스트 · workroom.D | 편집 및 교정 · 최아영
CTP 출력 및 인쇄 · 교보피앤비 | 제본 · 경문제책사

ISBN 979-11-407-0378-4 03590
(길벗 도서번호 050198)

독자의 1초까지 아껴주는 정성 길벗출판사

(주)도서출판 길벗 | IT교육서, IT단행본, 경제경영서, 어학&실용서, 인문교양서, 자녀교육서 www.gilbut.co.kr
길벗스쿨 | 국어학습, 수학학습, 어린이교양, 주니어 어학학습, 학습단행본 www.gilbutschool.co.kr